层间错动带
力学特性及其
工程影响研究

赵阳 著

CENGJIAN CUODONGDAI
LIXUE TEXING JIQI
GONGCHENG YINGXIANG YANJIU

中国水利水电出版社
www.waterpub.com.cn
·北京·

内 容 提 要

本书以层间错动带为研究对象，介绍了现场取样方法及多种室内试验手段，探讨了不同应力条件下层间错动带的工程地质特性；通过对比原状样与重塑样的力学性质，揭示了不同含水率条件下层间错动带的破坏机理；采用数值分析为遭遇层间错动带出露的地下洞室合理开挖设计和安全施工提供科学依据。

本书可供岩土工程、水利水电工程等相关专业的高年级本科生、研究生，及相关科研人员、工程技术人员等参考使用。

图书在版编目（CIP）数据

层间错动带力学特性及其工程影响研究 ／ 赵阳著
. －－ 北京 ：中国水利水电出版社，2020.8
ISBN 978-7-5170-8740-3

Ⅰ．①层… Ⅱ．①赵… Ⅲ．①水利水电工程－工程地质－地质力学－研究 Ⅳ．①P642

中国版本图书馆CIP数据核字（2020）第145668号

书　　名	**层间错动带力学特性及其工程影响研究** CENGJIAN CUODONGDAI LIXUE TEXING JI QI GONGCHENG YINGXIANG YANJIU	
作　　者	赵阳　著	
出版发行	中国水利水电出版社 （北京市海淀区玉渊潭南路 1 号 D 座　100038） 网址：www. waterpub. com. cn E-mail：sales@waterpub. com. cn 电话：(010) 68367658（营销中心）	
经　　售	北京科水图书销售中心（零售） 电话：(010) 88383994、63202643、68545874 全国各地新华书店和相关出版物销售网点	
排　　版	中国水利水电出版社微机排版中心	
印　　刷	清淞永业（天津）印刷有限公司	
规　　格	184mm×260mm　16 开本　10.25 印张　212 千字	
版　　次	2020 年 8 月第 1 版　2020 年 8 月第 1 次印刷	
定　　价	**68.00 元**	

前言
FOREWORD

在工程实践中，夹杂有层间错动带的岩体强度往往具有不均匀性，在开挖卸荷过程中应力重分布变形、破坏发生在最薄弱的部位。对于埋藏位置较深的层间错动带，考虑赋存环境条件，其所处地应力较大，高压力条件下会获得与低压力条件下不同的力学特性；此外，受降雨和水文地质条件的影响，地下水位的变化会造成层间错动带含水率的变化。从工程角度看，在大型工程施工期前，需要采用防渗帷幕或排水等截（导）流工程措施来减少施工区的水流，从而导致层间错动带中含水量的降低，含水率的降低可能会引起层间错动带（水）力学性质的差异。鉴于此，本书以层间错动带为研究对象，系统总结了其力学特性及破坏机理。

本书共7章：第1章绪论，根据层间错动带工程地质特性介绍了国内外研究现状与主要研究内容和特点；第2章主要介绍了层间错动带现场取样方法及装置，和物理性质；第3章在基于现场应力状态的三轴试验，探讨了影响层间错动带力学特性的主要因素及力学特性，揭示了影响其抗剪强度的机理；第4章通过环剪与反复直剪试验，对比了原状样和重塑样之间残余强度力学性质的差别；第5章讨论了不同含水率和不同初始颗粒粒径对颗粒破碎和剪切强度的影响，并建立残余强度的初步预测公式；第6章利用滤纸法对其水力学特性进行了分析，并通过压汞法对试验结果进行相互验证，探讨不同因素影响下层间错动带的非饱和特性；第7章基于层间错动带的三轴（剪切）试验结果，使用合理的模型对含有层间错动带的大型地下洞室进行整体稳定性分析。

本书的主要研究成果是在国家自然科学基金（51409102）和中国博士后科学基金（2018M640683）等项目的资助下完成的。在本书的撰写过程中得到了周辉研究员、邵建富教授和崔玉军教授的悉心指导，方宏远、徐荣超、刘娉慧、杨永香、葛飞、张培培、肖志阳、王乐乐为本书的撰写提供了帮助，谨向他们致以衷心的感谢！

由于作者水平有限，书中难免存在不妥之处，敬请广大读者批评指正！

作者

2020 年 8 月

目 录
CONTENTS

第 1 章

绪　　论

1.1　研究背景及意义

我国已进入新的发展时期，随着国民经济持续快速增长、工业现代化进程加快，资源和环境约束趋紧，能源供应愈发紧张，生态环境压力持续增大，加快西部水力资源开发，对于解决国民经济发展中的能源短缺问题、改善生态环境、促进区域经济的协调和可持续发展，具有非常重要的意义。我国已在金沙江、雅鲁藏布江规划和兴建了一系列水利水电工程，但这些水电站集中在岩体环境构造复杂，地质环境脆弱的西部深山峡谷，其规模和建设难度都是空前的。其中，大多数采用大型或超大型地下洞室群作为主要的水工建筑物，地下厂房洞室规模巨大，如：二滩水电站（280m×25.5m×64m）、向家坝水电站（245m×31m×85m）、白鹤滩水电站（439m×32m×78m）等。在如此之大的地下空间中，洞室群的选址很难回避所揭露的层间错动带。层间错动带是岩流层顶部较软弱的岩体在构造运动中发生破碎、错动，从而形成破碎夹层，并在地下水及风化作用下软化甚至泥化的软弱夹层。认识不同物理性质的层间错动带在天然赋存环境下的力学特性并进行工程计算具有十分重要的实际工程意义。鉴于此，本书以白鹤滩水电站地下厂房区域所揭露的层间错动带为背景，系统研究其工程地质特性和破坏机理，研究成果可为层间错动带地下洞室的安全建设提供理论与方法支撑。

1.2　层间错动带力学特性

1.2.1　形成与分类

层间错动带是地壳岩体遭受地质构造作用和后期地质环境演变形成的。其初期破碎是母岩机械破碎的产物，尽管它们有黏土颗粒成分，但是不会有泥化后的黏土矿物成分。黏土矿物是破裂系统形成各种溶液介质的渗入经历长时间的物理化学作用下形成的。

根据其成因的不同可分为原生型、次生型、构造型：

（1）原生型。原生型是指成岩过程中，在坚硬岩层间所夹的黏粒含量高、胶结程度差、力学强度低的软弱岩层。如碳酸盐建造、碎屑岩建造中夹的页岩、黏土岩薄层；火山岩喷发间歇期沉积的凝灰岩凝灰质页岩；变质岩中的绢云母、绿泥石富集带等。

（2）次生型。次生型是指原生软弱夹层、蚀变破碎带、次生矿物充填的节理等在风化、地下水等外应力作用下，产生泥及碎屑物质而形成的层间错动带。其多分布在浅表地层，往往受地形、水文地质条件、岩性发育情况所控制，常呈局部软化或泥化，黏粒含量及含水率均较高。

（3）构造型。构造型是指岩层在构造作用下形成的层间错动带。岩体在构造应力作用下，沿软、硬岩层接触带或软岩内部发生层间剪切错动；剪切错动带受到多期构造变动而发生剪切破坏，形成大量细颗粒物质和裂隙，经地下水的渗透和物理化学作用而使原生夹层软化、泥化形成软弱夹层。

曲永新等对软弱夹层、泥化夹层和层间剪切带定义的比较，并结合大量资料，指出层间错动带等同于层间剪切带与软弱夹层，而泥化夹层则是特指在已发生泥化的层间错动（剪切）带或软弱夹层。本书将统一将这种夹杂着错动后残留有岩石碎屑（块）软弱物质表述为层间错动带。

由此可见，其天然状态下的颗粒粒径分布并不均匀。层间错动带的组成物质包括泥质、碎屑、角砾较软弱的岩石等。层间错动带分为全泥型、泥夹碎屑型、碎屑夹泥型、泥夹粉砂或粉砂夹泥型。层间错动带对某些结构的稳定性起着不同程度的控制作用。因此，必须对其每一层型剪切带作出准确的评价，并给出设计使用参数。表 1.1 为层间错动带根据粒径分布的分类。

表 1.1　　　　　　　　　　层间错动带根据粒径分布的分类

类　　型	小于 0.005mm 的颗粒/%	大于 2mm 的颗粒/%	砂砾组 VS 黏粒组
全泥型	>20	<10	砂砾组<黏粒组
泥夹碎屑	10~20	10~30	砂砾组>黏粒组
碎屑夹泥	<10	>30	砂砾组>黏粒组
泥夹粉砂或粉砂夹泥型	<20	<20	砂砾组<黏粒组

注　砂砾组为粒径大于 2mm 的颗粒组；黏粒组为粒径小于 0.005mm 的颗粒组。

不同的颗粒粒径分布会产生不同的微结构，与一般的沉积黏土相比，层间错动带具有以下特点：①泥化夹层的微结构类型及连接方式，受原岩及上下岩组岩石成分的控制；②原岩所受的层间错动，使层间错动带的微结构具有不同程度的分带性；③地下水对层间错动带的微结构的形成和改造起关键作用，不同的地下水作用形成不同的微结构类型；④在次生的泥化微结构中，常见残余的原岩结构。

当黏粒含量较高时，层间错动带呈蜂窝状结构，虽然从整体上来看杂乱无章，但依然在其中部可发现定向排列的条带，并且带中蜂窝状团聚体常被拉长压扁顺剪切方向排列，两侧可见牵引现象。当黏粒含量高于原岩时，砂砾、粉粒颗粒呈弥散状存在于黏粒基质中，粗颗粒之间无接触。而当粗颗粒含量较高时，粗颗粒被细粒或黏土矿物单片所包围，呈致密状分布相互嵌合称为镶嵌状结构。

层间错动带是多种矿物组成的复杂高分散体系。采用电子显微镜、X 射线衍射和差热分析等手段进行综合检验可以得到各类层间错动带的主要黏土矿物是蒙脱石、伊利石（水云母）和高岭石等。泥化夹层的矿物成分与母岩性质和后期改造程度有关。蒙脱石是在排水条件不好，周围具有 MgO、CaO 和碱金属氧化物的碱性环境中形成的，可交换离子被吸附在质点表面最多，矿物构架是活动的，浸水时表面积增大，有明显的膨胀性。高岭石是在排水条件良好和发生溶滤作用的酸性条件下形成的，它在水中膨胀很微弱，是相对稳定的黏土矿物。伊利石则介于两者之间，膨胀性较弱。

1.2.2　工程危害

层间错动带的分布随机、延展性强、危险性大，是力学性质最差的结构面，岩体受其切割而丧失完整性和连续性，对水利水电工程造成极大的威胁，极易造成地下洞室围岩的不稳定。如意大利 Vajont 水库溃坝事件的调查结果表明：由于地面以下 100~200m 侏罗纪地层中夹有一层厚 5~15cm 的黏土层，滑动面沿黏土层发展而成，最终导致大滑坡。另外，美国 Austin 水库大坝、法国 Bouzey 水库大坝、澳大利亚 Mount Isa 矿区等工程中均有层间错动带导致地下洞室结构变形失效或破坏的实例。白鹤滩水电站地下洞室群也遭遇了由玄武岩岩流层顶部的凝灰岩发育而来的多条层间错动带，其多在高边墙厂房顶部或边墙中上部斜交，所带来的危害程度尚未明确。

夹杂有层间错动带的岩体强度往往具有不均匀性，在开挖卸荷过程中应力重分布变形，破坏发生在最薄弱部位。也就是说地下洞室失稳的决定性因素在于层间错动带，其本身力学特性的研究将成为重中之重。但其力学性质不仅与其物理性质（如矿物成分、颗粒分布和化学成分）相关，也受其赋存的环境条件（如地应力，地下水的流动）的影响。考虑到赋存环境条件，对于埋藏位置较深的层间错动带，其所处地应力（上覆岩体自重应力）较大，高压力试验条件下（一般指法向压力大于 1 MPa）往往会获得与低压力条件下不同的力学特性；此外，受降雨和水文地质条件的影响，地下水位的变化会造成层间错动带含水率的变化；从工程角度看，在大型工程施工期前，需要采用防渗帷幕或排水等截（导）流工程措施来减少施工区的水流，从而导致层间错动带中含水量的降低。含水量的降低可能会引起层间错动带（水）力学性质的差异。

1.2.3　强度和变形特性

不同地区层间错动带的物理力学特性和规律不尽相同，但据国内一些地区的层间错动带分析，主要是由其物质成分和结构特征决定的。因此，众多学者建立了层间错动带强度指标与其物理指标的关系。聂德新等在研究龙羊峡坝区层间错动带工程性质时，提出用天然状态指标 $\dfrac{W}{W_p}$（W 表示夹泥天然状态下的含水量；W_p 表示塑限含水量）表征层间错动带强度性质；肖树芳等根据层间错动带宏观组构的力学效应，采用模糊综合评判法定量预测其强度参数值并通过建立层间错动带的分维模型定量预测其强度；王在泉采用非等间距灰色模型预测层间错动带的长期抗剪强度；冯夏庭等采用人工神经网络方法对已有样本进行学习，建立了层间错动带残余强度与各个因素之间的非线性映射关系。

层间错动带抗剪强度参数的正确选取，对水工建筑物及其地基的稳定分析是至关重要的。但是，抗剪强度参数受试验方法的影响较大。

徐国刚归纳了大型原位抗剪试验过程中得到的剪应力-位移曲线，其形态大致可分为三种类型，如图 1.1 所示，不同类型剪切曲线反映了不同的层间错动带的强度特征和剪切破坏机制。

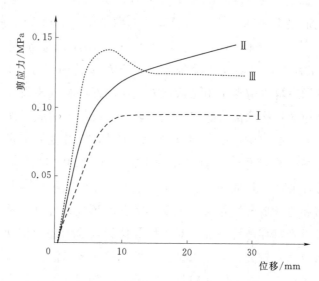

图 1.1　原位抗剪试验剪应力-位移曲线

（1）Ⅰ类为塑性曲线。剪切过程中不存在应力降低现象，试件屈服后很快达到峰值，峰值强度与残余强度近于相等，且强度值较低。全泥型和泥夹碎屑型层间错动带具有这种剪切破坏类型的曲线。

（2）Ⅱ类为塑性强化曲线。屈服强度较低，但试件屈服后呈应力强化趋势，强度明显增高。呈这种类型曲线的试样大多数也为全泥型和泥夹碎屑型，多发生在未限制层间错动带膨胀条件下试件的剪切试验中。由于试件在剪切过程中发生层间错动带膨胀挤出现象，泥质成分减少，碎屑颗粒相互咬合力增大，因而强度提高。

（3）Ⅲ类为脆性曲线。试件存在较高的峰值强度，过峰后曲线明显下降，进入平缓的残余剪切阶段。碎屑夹泥和泥膜型层间错动带一般呈这种类型的剪切曲线。

王先锋等将黄河小浪底层间错动带的饱和固结快剪试验分为塑性曲线、准塑性曲线、过渡型曲线和准脆性曲线。据统计，塑性曲线出现较多，约占试样的 50% 以上，黏泥型与部分泥夹碎屑性、泥夹粉砂型夹泥表现为此种曲线类型；而碎屑夹泥-碎屑型夹泥常表现为准塑性曲线；过渡型曲线在达到屈服值后，常经过几个阶梯或一次较大的应力增加才达峰值，呈阶梯状，泥夹碎屑型与泥夹粉砂型夹泥常表现为该种曲线类型；准脆性曲线线屈服值与峰值都很高，过峰值后曲线急骤下降，出现较大的应力降，表现出脆性材料的变形特征，仅限于碎屑型和起伏差较大的泥膜型夹泥中出现。

冯光愈根据葛洲坝坝基层间错动带的剪切试验结果，认为层间错动带是一个具有弱结构连接的黏-弹-塑性的分散体系。其剪应力-剪应变位移关系曲线有两种类型：屈服型和轻微软化型。两种曲线的起始段为很陡的直线段。对于屈服型的曲线，直线段末端的剪应力略低于残余强度；对于软化曲线则接近残余强度，在很小的剪切位移下（约 1mm）剪应力随位移迅速增长，其抗剪强度就能大部分发挥出来。

许宝田等采用自制试验装置，进行边坡岩体中的层间错动带的力学特性试验。分析实测的剪应力-变形曲线发现，该曲线有明显的比例极限、屈服点和峰值点，表明在试件受力变形初期，剪切力-变形近似呈线性关系，剪切刚度为常量；随法向应力的增大，峰值剪应力呈线性增长，达到峰值强度之后，随剪切变形增大，抗剪强度变化不大，残余强度近似等于峰值强度，表明试样发生剪切破坏，其破坏类型呈"塑性"破坏型，如图 1.2 所示。软弱夹层的剪切变形可分为三个阶段，各个阶段的强度参数不同，对建筑边

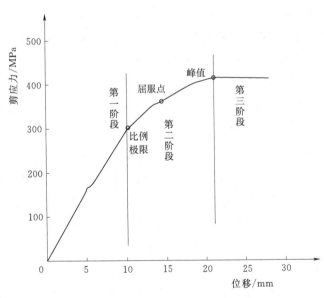

图 1.2 层间错动带剪应力-变形曲线

坡工程来说，应避免其达到临界状态，软弱夹层强度参数应取其低值。

闫汝华、樊卫花对马家岩水库坝区的层间错动带进行研究后发现，其中构造型剪切应力、应变特征表现为塑性破坏特征，曲线一开始有明显的线性段，随剪应力的增大，进入曲率不大的非线性段；当剪力继续增加，约为峰值的 0.8 倍时，位移速率增

大，曲线出现即屈服点，此后剪应力少量增加，位移却大量增加，出现塑性变形破坏，峰值强度与残余强度基本一致。风化型曲线表现为塑性破坏特征，破坏性质与正常固结土的破坏特色类似，即峰值过后强度明显下降，出现残余强度。

层间错动带的力学模型是进行围岩稳定性分析的基础和前提，也是计算岩土力学的核心问题。岩土体本构理论是研究岩土体在作为建筑结构物的地基、环境或材料本身的应力-应变关系规律，是理论岩土力学的基本内容，也是岩土工程学科的重要基础理论。

在岩土力学发展的萌芽时期，岩土本构理论还没有形成自己独立的体系，其材料特性还没有从一般性的工程材料中被认识、分离出来。英国科学家胡克最早发现了材料的变形与引起变形的外力成正比，称之为胡克定律。该发现为岩土力学的发展提供了客观条件，大多数的理论因循弹性力学的理论框架，将岩土体的性质、加荷条件和边界条件理想化，从而获得一些重要的解答。Boussinesq 和 Cerruti 分别提出了均匀的、各向同性的半无限弹性体表面在竖直或水平力作用下的位移和应力分布理论；Dachy 和 DuPult 通过室内试验建立了有孔介质中水的渗流理论；Terzaghi 在 1923 年所发表的论文《黏土中动水应力的消散计算》中提出了土体的一维固结理论，又在另一重要文献中提出了著名的有效应力原理，标志着岩土力学作为不同于一般连续介质力学的独立学科的建立，岩土体作为一种三相非连续介质材料的特殊性开始被逐渐接受，并加以正确理解；Biot 建立了土骨架压缩和渗流的耦合理论，从而把岩土力学推向更高的发展阶段。

虽然，在此阶段引进和借用了大量弹性力学的方法和理论来研究岩土体的破坏问题，但由于岩土体的复杂性，简单的弹性模型已无法解释。在实际工程中遇到的岩土力学非线性、不连续性、不均质性、各向异性等问题已无法用古典岩土力学理论解决。一些非线性弹性本构模型得以发展。这种非线性反映在应力-应变关系上，表现为柔度矩阵或刚度矩阵不再是常量，而是随应力状态而变。虽然非线性弹性本构模型反映土体应力-应变关系中的非线性、剪胀性、应力路径相关性，超弹性本构模型与次弹性本构模型常被提及，但由于采用的参数较多，且物理意义不明晰，所以较少实用。

1773 年 Coulomb 首先提出土的破坏条件：Coulomb 破坏准则，后来推广为 Mohr - Coulomb 破坏准则。20 世纪 50 年代末期，随着传统塑性力学、近代土力学、岩石力学以及有限元法等数值计算方法的发展和金属塑性力学理论的突破，岩土弹塑性力学逐渐形成一门独立的学科。1957 年 D. C. Drucker 等首先提出平均应力和体应变会导致岩土材料产生体积屈服，因而提出在 Mohr - Coulomb 的锥形空间屈服面上加一簇强化帽形屈服面，这是岩土弹塑性力学理论的一大进展。1958 年，Roscoe 等出版了《临界状态土力学》专著，这是世界上第一本关于岩土塑性理论的专著，详细研究了土的实用模型，他们将"帽子"屈服准则、正交流动准则、加工硬化规律系统地应用于剑桥模型之中，并提出了临界状态线、状态边界面、弹墙等一系列物理概念，构成了第一个比较完整的土塑性模型，开创了土体的实用计算模型；1984年，Desai C S 等进一步阐明了岩土材料变形机制，形成了较系统的岩土塑性力学理论。

概括起来说，经典塑性理论由屈服准则、流动法则和硬化规律三部分组成。屈服准则由屈服函数（初始屈服面）来表示，它定义了产生应变的应力水平；流动法则通过定义一个塑性势函数（塑性势面）来体现，塑性应变的方向始终垂直于塑性势面的外法线，即塑性势面确定了塑性应变增量的方向；硬化规律与屈服函数类似，但其中增加一项硬化参数，它与塑性应变增量有关，此时的屈服函数也称为后继屈服面，它的作用在于求解塑性应变增量的大小。基于经典塑性理论的本构模型将应变增量分解为弹性应变增量与塑性应变增量，弹性应变增量与应力增量遵守胡克定律，塑性应变增量则通过流动法则和硬化规律来确定。当屈服函数与塑性势函数相同时，此时的流动法则即为关联流动法则，即塑性应变增量的方向与屈服面外法线方向一致。当屈服函数与塑性势函数不同时称为非相关联流动法则。基于经典塑性理论所建立的本构模型为数众多，其提出的背景与合理性各有特点。

岩土类摩擦材料本构理论的某些假设与实际情况不符，导致理论计算结果与试验结果出现矛盾：①岩土材料不具有塑性应变增量方向与应力唯一性假设，亦即不遵守传统塑性势理论，岩土材料塑性应变增量的方向不仅取决于应力状态，而且主要取决于应力增量；②岩土类材料不遵守关联流动法则和德鲁克公设；③经典塑性力学没有考虑应力主轴旋转。

随着现代科学技术的发展，大量非线性科学的基本理论被引入到岩土本构模型的研究中。如Mandelbrot等提出的分形几何、Rene Thom创立的突变论、人工神经网络（ANN）等理论，为岩土本构模型的进一步研究提供理论文持。人工神经网络最早是由生物学家和数学家共同提出的，它是由大量的简单处理单元以某种拓扑结构广泛地相互连接而构成的复杂的非线性系统，是一个大规模并行分布式存储与处理系统，还具有自组织、自适应与容错性等优点。因此，特别适用于处理需要同时考虑许多因素和条件的、不精确的和模糊的信息。将ANN应用于岩土本构模型的建立，是与传统数学建模方法有本质区别的新方法，它避免了数学规则和表达式的建立，但是这种建模方法的优越性、准确性、适用范围都还有待于进一步探讨。近年来，有研究学者借助神经网络强大的自组织、自学习功能来反演岩土体的本构关系，探索一条岩土体本构模型研究的新途径。

本构理论作为岩土力学理论的重要内容，其发展和岩土力学的发展有密切关系（如岩土损伤模型、细观力学模型、应变软化模型、特殊土模型、非饱和土模型等），同时引入正如多位应力轨迹、动力荷载、循环荷载等因素，以模拟土在复杂应力轨迹条件下所出现的剪胀效应、磁滞现象、应变主轴旋转、应力引起的各向异性等。因此，选择合适的岩土介质本构模型将会对计算结果产生较大的影响。

1.2.4 颗粒破碎研究进展

早在 1948 年就有关于岩土体颗粒破碎现象重要性的研究，颗粒破碎会直接改变岩土体的自身结构（孔隙比和颗粒粒径分布），为了研究颗粒破碎影响下岩土体的变形破坏特性，许多学者从不同角度、利用不同的试验方法和设备进行了各式各样的试验研究，这些研究成果为岩土力学模型的研究提供了基础数据，也是岩土力学学科发展的基础。

静态三轴压缩和剪切试验的主要目的是提供岩土变形和强度参数，在岩土力学试验中被广泛使用。考虑到颗粒破碎影响的三轴试验，针对颗粒易碎材料如堆石料、钙质砂、冰渍土、风化岩和层间错动带等岩土介质，众多研究者得到了不同围压或剪应力条件下颗粒破碎的规律，其中包括颗粒破碎对应力-应变关系或剪胀规律的影响，试验结果表明颗粒破碎是造成强度包线非线性的重要原因且对剪胀有抑制作用；蒙进等和杨光等针对应力路径对颗粒破碎的影响开展了大量研究；魏松等得到了湿化条件下颗粒破碎的特性，认为应力水平不是很高的条件下，堆石料颗粒湿化也会发生很显著的破碎；不同含水率（吸力）条件下颗粒破碎程度并不相同。

压汞法和滤纸法是测定岩土体水力学特性——吸力的常规方法，试验成果丰富并涉及不同岩土体。描述吸力特性的土水特征曲线（SWCC）会随不同的结构状态而变化。许多学者采用不同的吸力测试方法对不同孔隙比和颗粒粒径分布的岩土体进行了研究，认为孔隙比对吸力的影响较大，但部分研究者认为可以不考虑孔隙比对 SWCC 的影响，可见孔隙比对 SWCC 的影响尚有矛盾之处；此外，还有一些专家、学者，研究了混合和配比不同组分的颗粒粒径对 SWCC 的影响，试验结果表明细粒含量越高吸力越大且 SWCC 曲线上移。颗粒破碎改变了岩土体的结构（孔隙比和颗粒粒径分布），反映层间错动带工程地质特性的水力学性质还需进一步研究。

1.3 主要研究内容

本书针对层间错动带的力学特性及其破坏机理进行了系统深入的研究，主要内容如下：

（1）利用研发的可开合取样工具以及合理的取样方法获得了层间错动带原状样及其工程地质特性。

（2）基于现场应力状态的三轴试验，揭示了层间错动带在高围压下的力学性质，利用颗粒破碎理论解释了高饱和情况下剪切强度随围压增大而降低的现象；针对其体积变形特点，开发了三轴试验条件下的体积变形装置。

（3）研发了适应现场地应力条件的高压直剪盒，通过环剪与反复直剪试验，揭示了原状样与重塑样力学性质之间的差异并讨论了不同因素对其残余强度的影响；建立了可用于工程实际的残余强度初步预测公式，并对工程应用提出了合理化建议；发现了其残余强度应力-应变曲线非线性的本质，针对不同条件分析了颗粒破碎的机理。

（4）利用滤纸法对层间错动带土水特征曲线进行了测定，通过压汞法对试验结果解释分析，揭示了不同初始孔隙比和颗粒粒径分布对层间错动带的水理学特性的影响；利用通用公式对结果进行了拟合，建立了实用公式确定出试样的吸力。

（5）基于层间错动带的三轴（剪切）试验结果，建立合理模型对含有层间错动带的大型地下洞室进行整体稳定性分析；研究了在地下厂房开挖过程中层间错动带及围压的变形、塑性区的演化规律；结合分析结果，提出了相应的工程建议。

参 考 文 献

［1］ 潘家铮. 水电与中国 ［J］. 水力发电，2004，30（12）：17-21.

［2］ 石安池，唐鸣发，周其健. 金沙江白鹤滩水电站柱状节理玄武岩岩体变形特性研究 ［J］. 岩石力学与工程学报，2008，27（10）：2079-2086.

［3］ 曲永新，单世桐，徐晓岚，时梦熊. 某水利工程泥化夹层的形成及变化趋势的研究 ［J］. 地质科学，1977（4）：363-371.

［4］ 李景山，赵善国，胡萍. 坝基软弱夹层的成因及特征 ［J］. 黑龙江水利科技，2007，35（2）：181.

［5］ 王先锋，刘万，佴磊. 泥化夹层的组构类型与微观结构 ［J］. 吉林大学学报（地），1983（4）：73-82.

［6］ 王幼麟，肖振舜. 软弱夹层泥化错动带的结构和特性 ［J］. 岩石力学与工程学报，1982：37-44.

［7］ 肖树芳，K. 阿基诺夫. 泥化夹层的组构及强度蠕变特性 ［M］. 长春：吉林科学技术出版社，1991.

［8］ 项伟. 软弱夹层微结构研究及其力学意义 ［J］. 地球科学，1985（1）：173-206.

［9］ 项伟. 黏粒含量对泥化夹层抗剪强度的影响 ［J］. 兰州大学学报：自然科学版，1984.

［10］ 胡卸文. 无泥型软弱层带物理性质的围压效应 ［J］. 山地学报，1999，17（1）：86-90.

［11］ 胡卸文. 无泥型软弱层带的强度参数 ［J］. 山地学报，2000（1）：52-56.

[12]　王幼麟. 葛洲坝泥化夹层成因及性状的物理化学探讨 [J]. 水文地质工程地质，1980 (4)：5－11.

[13]　许东俊. 岩基软弱面的工程力学性质研究 30 年 [J]. 岩土力学，1989 (3)：13－19.

[14]　张永双，曲永新. 硬土-软岩的厘定及其判别分类 [J]. 地质科技情报，2000，19 (1)：77－80.

[15]　冯明权，刘丽，冯建元. 彭水水电站软弱夹层性状特征与力学参数的研究 [J]. 资源环境与工程，2008，22 (b10)：86－89.

[16]　王颂，何沛田，谭新，等. 银盘水电站层间剪切带工程特性与试验研究 [J]. 人民长江，2008，39 (4)：18－21.

[17]　张咸恭，聂德新. 围压效应与软弱夹层泥化的可能性分析 [J]. 地质论评，1990，36 (2)：160－167.

[18]　徐国刚. 红色碎屑岩系中泥化夹层组构及强度特性研究 [J]. 人民黄河，1994 (10)：33－37.

[19]　龚壁卫，郭熙灵. 泥化夹层残余强度的非线性问题探讨 [J]. 水电与抽水蓄能，1997 (5)：38－40.

[20]　闫汝华，樊卫花. 马家岩水库坝基软弱夹层剪切特征及强度 [J]. 岩石力学与工程学报，2004，23 (22)：3761－3764.

[21]　孙万和，杨连生，慎乃齐，等. 葛洲坝坝基层间剪切带的模拟研究 [J]. 武汉大学学报 (工学版)，1991 (5)：495－502.

[22]　张吉波. 飞来峡厂房坝段坝体及基岩稳定性研究 [D]. 武汉：武汉大学，2005.

[23]　王兰生. 意大利瓦依昂水库滑坡考察 [J]. 中国地质灾害与防治学报，2007，18 (3)：145－148.

[24]　王世梅. 我国层间剪切带工程地质研究现状及展望 [J]. 水电科技情报，1996 (1)：6－10.

[25]　邹成杰. 岩层剪切错位及其对地基边坡稳定的影响 [J]. 岩石力学与工程学报，1997，16 (4)：312－319.

[26]　包承纲. 用土工方法研究青山软层的抗剪强度 [J]. 水文地质工程地质，1986 (3)：32－36.

[27]　葛修润. 岩体中节理面、软弱夹层等的力学性质和模拟分析方法（一）[J]. 岩土力学，1979：59－72.

[28]　周思孟. 复杂岩体若干岩石力学力学问题 [M]. 北京：中国水利水电出版社，1998.

[29]　胡涛，任光明，聂德新，等. 沉积型软弱夹层成因分类及强度特征 [J]. 中国地质灾害与防治学报，2004，15 (1)：124－128.

[30]　符文熹，聂德新，尚岳全，等. 地应力作用下软弱层带的工程特性研究 [J]. 岩土工程学报，2002，24 (5)：584－587.

[31]　马金荣. 深层土的力学特性研究 [D]. 徐州：中国矿业大学，1998.

[32]　Indraratna B, Oliveira D A F, Brown E T, et al. Effect of soil-infilled joints on the stability of rock wedges formed in a tunnel roof [J]. International Journal of Rock Mechanics & Mining Sciences，2010，47 (5)：739－751.

[33] 李鹏，刘建. 不同含水率软弱结构面剪切蠕变试验及模型研究 [J]. 水文地质工程地质，2009，36 (6)：49－53，67.

[34] 李鹏，刘建，朱杰兵，等. 软弱结构面剪切蠕变特性与含水率关系研究 [J]. 岩土力学，2008 (7)：1865－1871.

[35] 吴奇，杨国华，王磊. 索达干坝址区泥化夹层工程地质特征 [J]. 岩土工程技术，2002 (3)：125－130，143.

[36] 叶金汉. 岩石力学参数手册 [M]. 北京：水利电力出版社，1991.

[37] 余永志，蔡耀军，颜慧明. 湖南皂市水利枢纽泥化夹层工程地质特性 [J]. 资源环境与工程，2006 (5)：519－522.

[38] 王兴然，夏颂佑. 应变相似常数对软弱夹层地基破坏性模型试验的影响 [J]. 河海大学学报，1987 (6)：89－98.

[39] 王恩志. 石门子RCC拱坝地质条件与加固措施. 中国长江三峡工程开发总公司、湖北清江水电开发有限责任公司、中国水力发电工程学会、中国水利学会. 2004水力发电国际研讨会论文集（中册）[C] //中国长江三峡工程开发总公司、湖北清江水电开发有限责任公司、中国水力发电工程学会、中国水利学会：中国水力发电工程学会，2004：6.

[40] 聂德新，符文熹，任光明，等. 天然围压下软弱层带的工程特性及当前研究中存在的问题分析 [J]. 工程地质学报，1999 (4)：298－302.

[41] 王在泉. 泥化夹层长期强度的灰色预测 [J]. 金属矿山，1998 (2)：16－17，20.

[42] 冯夏庭，王永嘉. 泥化夹层错动带残余强度的人工神经网络 [J]. 中国有色金属学报，1995，5 (3)：17－21.

[43] 贾志远. 层间错动带工程地质专家系统 [J]. 水文地质工程地质，1994，21 (3)：29－34.

[44] 赵然惠，周端光，孙广忠. 软弱结构面的工程力学效应 [J]. 工程勘察，1981 (6)：56－59.

[45] 郭志. 起伏结构面内软弱夹层厚度的力学效应 [J]. 水文地质工程地质，1982 (1)：33－39.

[46] 郭富利，张顶立，苏洁，等. 软弱夹层引起围岩系统强度变化的试验研究 [J]. 岩土力学，2008，29 (11)：3077－3081.

[47] 王先峰，佴磊. 各类泥化夹层的剪切破坏机制与强度特征 [J]. 吉林大学学报（地球科学版），1984 (4)：93－100.

[48] 冯光愈. 葛洲坝坝基泥化夹层的抗剪强度和应力-应变特性 [J]. 水文地质工程地质，1986 (3)：34－27.

[49] 许宝田，阎长虹，陈汉永，等. 边坡岩体软弱夹层力学特性试验研究 [J]. 岩土力学，2008，29 (11)：3077－3081.

[50] 闫汝华，樊卫花. 马家岩水库坝基软弱夹层剪切特性的及强度 [J]. 岩石力学与工程学报，2004，23 (22)：3761－3764.

[51] 孙广忠. 岩体结构力学 [M]. 北京：科学出版社，1988.

[52] 夏才初，孙宗硕. 工程岩体节理力学 [M]. 上海：同济大学出版社，2002.

[53] 陈惠发，萨里谱，余天庆. 弹性与塑性力学 [M]. 北京：中国建筑工业出版社，2004.

[54]　张坤勇. 考虑应力各向异性土体本构模型及应用研究 [D]. 南京：河海大学，2004.

[55]　沈珠江. 理论土力学 [M]. 北京：中国水利水电出版社，2000.

[56]　龚晓南. 土塑性力学 [M]. 杭州：浙江大学出版社，1990.

[57]　D. C. Druker，R. E. Gibson，D. J. Henkel. Soil Mechanics and Work‐harding Theories of Plasticity [J]. Proc. ASCE Tran. 1957（122）：338－346.

[58]　Roscoe K H，Schofield A N，Wroth C P. On The Yielding ofSoils [J]. Geotechnique，1958，8（1）：22－53.

[59]　Desai C S，Faruque M O. Constitutive Model for（Geological）Materials [J]. Journal of Engineering Mechanics，1984，110（9）：1391－1408.

[60]　郑颖人. 岩土塑性力学的新发展——广义塑性力学 [J]. 岩土工程学报，2003，25（1），1－10.

[61]　Mandelbrot B. B. The fracture geometry of nature [M]. New York：WH. Freeman，2012.

[62]　Rene Thom，D. H. Fowler Ginzburg L R，Gromov M. Structural Stability and Morphogenesis. An Outline of a General Theory of Models. [J]. Quarterly Review of Biology，1975，6（5）：544.

[63]　Haykin S. Neural Networks：A Comprehensive Foundation（3rd Edition）　[M]. New Jersey：Prentice-Hall，Inc，2007.

[64]　Karl Terzaghi，Ralph B. Beck. Soil mechanics in engineering practice [M]. New York：John Wiley & Sons，Inc.，1948.

[65]　Fukumoto T. Particle breakage characteristics of granular soils [J]. Soils and Foundations，1992，32（1）：26－40.

[66]　Poul V. Lade，Jerry A. Yamamuro，Paul A. Bopp. Significance of Particle Crushing in Granular Materials [J]. Journal of Geotechnical Engineering，1996，122（4）.

[67]　郭熙灵，胡辉，包承纲. 堆石料颗粒破碎对剪胀性及抗剪强度的影响 [J]. 岩土工程学报，1997（3）：86－91.

[68]　汪稔，孙吉主. 钙质砂不排水性状的损伤‐滑移耦合作用分析 [J]. 水利学报，2002，33（7）：75－78.

[69]　孙吉主，汪稔. 三轴压缩条件下钙质砂的颗粒破裂过程研究 [J]. 岩土力学，2003（05）：822－825.

[70]　刘萌成，高玉峰，刘汉龙，等. 堆石料变形与强度特性的大型三轴试验研究 [J]. 岩石力学与工程学报，2003，22（7）：1104－1111.

[71]　刘汉龙，秦红玉，高玉峰，等. 堆石粗粒料颗粒破碎试验研究 [J]. 岩土力学，2005，26（4）：562－566.

[72]　Indraratna A B，Lackenby J，Christie D. Effect of confining pressure on the degradation of ballast under cyclic loading [J]. Géotechnique，2005，55（4）：325－328.

[73]　张家铭，汪稔，石祥锋，等. 侧限条件下钙质砂压缩和破碎特性试验研究 [J]. 岩石力学

与工程学报，2005，24（18）：2043-2048.

[74] 张家铭，张凌，刘慧，王金娟，芮群英. 钙质砂剪切特性试验研究 [J]. 岩石力学与工程学报，2008（S1）：3010-3015.

[75] 张季如，祝杰，黄文竞. 侧限压缩下石英砂砾的颗粒破碎特性及其分形描述 [J]. 岩土工程学报，2008，30（6）：783-789.

[76] 孔德志，张丙印，孙逊. 人工模拟堆石料颗粒破碎应变的三轴试验研究 [J]. 岩土工程学报，2009，31（3）：464-469.

[77] 高玉峰，张兵，刘伟，艾艳梅. 堆石料颗粒破碎特征的大型三轴试验研究 [J]. 岩土力学，2009，30（5）：1237-1240+1246.

[78] 魏松，朱俊高. 粗粒料三轴湿化颗粒破碎试验研究 [J]. 岩石力学与工程学报，2006（6）：1252-1258.

[79] 丁树云，蔡正银，凌华. 堆石料的强度与变形特性及临界状态研究 [J]. 岩土工程学报，2010，32（2）：248-252.

[80] 刘恩龙，覃燕林，陈生水，等. 堆石料的临界状态探讨 [J]. 水利学报，2012，43（5）：505-511，519.

[81] 赵阳，周辉，冯夏庭，崔玉军，江权，高红，江亚丽，黄可. 高压力下原状层间错动带三轴不排水剪切特性及其影响因素分析 [J]. 岩土力学，2013，34（2）：365-371.

[82] 蒙进，屈智炯. 高压下冰碛土的颗粒破碎及应力-应变关系 [J]. 成都科技大学学报，1989（1）：17-22+56.

[83] 杨光，张丙印，于玉贞，孙逊. 不同应力路径下粗粒料的颗粒破碎试验研究 [J]. 水利学报，2010，41（3）：338-342.

[84] 杨光，孙逊，于玉贞，等. 不同应力路径下粗粒料力学特性试验研究 [J]. 岩土力学，2010，31（4）：1118-1122.

[85] 赵振梁，朱俊高，杜青，Mohamed Ahmad ALSAKRAN. 粗粒料湿化变形三轴试验研究 [J]. 水利水运工程学报，2018（6）：84-91.

[86] Miuran，Yamannuuchi T. Effect of pore water on the behavior of a sand under high pressure [J]. Technology Reports of the Yamaguchi University，1974，1（3）：409-417.

[87] 王光进，杨春和，张超，冒海军，王伟. 粗粒含量对散体岩土颗粒破碎及强度特性试验研究 [J]. 岩土力学，2009，30（12）：3649-3654.

[88] 赵阳，周辉，冯夏庭，邵建富，江权，闵弘，江亚丽，黄可. 不同因素影响下层间错动带颗粒破碎和剪切强度特性试验研究 [J]. 岩土力学，2013，34（1）：13-22.

[89] Delage P，Cui Y. L'eau dans les sols non satures [J]. Techniques De l'ingenieur - Construction，2000.

[90] Kong LW，Tan L R，Rahardjo H，et al. A simple method of determining the soil - water characteristic curve indirectly. [C] // Asian Conference on Unsaturated Soils，2000.

[91] 叶为民，黄雨，崔玉军，唐益群，Delage P. 自由膨胀条件下高压密膨胀黏土微观结构

随吸力变化特征 [J]. 岩石力学与工程学报，2005（24）：4570 - 4575.

[92] 王钊，杨金鑫，况娟娟，安骏勇，骆以道. 滤纸法在现场基质吸力量测中的应用 [J].
岩土工程学报，2003（4）：405 - 408.

[93] 孙德安，孟德林，孙文静，刘月妙. 两种膨润土的土-水特征曲线 [J]. 岩土力学，
2011，32（4）：973 - 978.

[94] 白福青，刘斯宏，袁骄. 滤纸总吸力吸湿曲线的率定试验 [J]. 岩土力学，2011，
32（8）：2336 - 2340.

[95] KawaiK，Kato S，Karube D，et al. The model of water retention curve considering effects
of void ratio. [C] // Unsaturated Soils for Asia Asian Conference on Unsaturated
Soils，2000.

[96] 刘艳华，龚壁卫，苏鸿. 非饱和土的土水特征曲线研究 [J]. 工程勘察，2002（3）：10 - 13.

[97] 龚壁卫，吴宏伟，王斌. 应力状态对膨胀土 SWCC 的影响研究 [J]. 岩土力学，
2004（12）：1915 - 1918.

[98] 李志清，胡瑞林，王立朝，李志祥. 非饱和膨胀土 SWCC 研究 [J]. 岩土力学，
2006（5）：730 - 734.

[99] 卢靖，程彬. 非饱和黄土土水特征曲线的研究 [J]. 岩土工程学报，2007（10）：1591 -
1592.

[100] 王铁行，卢靖，岳彩坤. 考虑温度和密度影响的非饱和黄土土-水特征曲线研究 [J].
岩土力学，2008（1）：1 - 5.

[101] 汪东林，栾茂田，杨庆. 重塑非饱和黏土的土-水特征曲线及其影响因素研究 [J]. 岩
土力学，2009，30（3）：751 - 756.

[102] 孙德安，闫威，孙文静. 非饱和膨润土掺砂混合物的水力和力学性质 [J]. 上海大学
学报（自然科学版），2010，16（2）：196 - 202.

[103] 周葆春，孔令伟. 考虑体积变化的非饱和膨胀土土水特征 [J]. 水利学报，2011，
42（10）：1152 - 1160.

[104] 叶为民，潘虹，王琼，陈宝，崔玉军. 自由膨胀条件下高压实砂-膨润土混合物非饱和
渗透特征 [J]. 岩土工程学报，2011，33（6）：869 - 874.

[105] Vanapalli S K，Fredlund D G，Pufahl D E. The influence of soil structure and stress his-
tory on the soil - water characteristics of a compacted till [J]. Géotechnique，1999，
51（51）：573 - 576.

[106] Birle E，Heyer D，Vogt N. Influence of the initial water content and dry density on the
soil - water retention curve and the shrinkage behavior of a compacted clay [J]. Acta
Geotechnica，2008，3（3）：191 - 200.

[107] Thakur V K S，Sreedeep S，Singh D N. Parameters Affecting Soil - Water Characteristic
Curves of Fine - Grained Soils [J]. Journal of Geotechnical & Geoenvironmental Engi-
neering，2005，131（4）：521 - 524.

[108] Rao S M, Revanasiddappa K. Influence of Cyclic Wetting Drying on Collapse Behaviour of Compacted Residual Soil [J]. Geotechnical & Geological Engineering, 2006, 24 (3): 725 – 734.

[109] IndrawanIGB, RahardjoH, LeongEC. Effects of coarse – grained materials on properties of residual soil [J]. Engineering Geology, 2005, 82 (3).

[110] 孙德安, 孟德林, 刘月妙. 高庙子膨润土及其与砂混合物的土水特征曲线 [C] //废物地下处置学术研讨会, 2010.

[111] 田湖南, 孔令伟. 细粒对砂土持水能力影响的试验研究 [J]. 岩土力学, 2010, 31 (1): 56 – 60.

[112] Gallage C PK, Uchimura T. Effects of dry density and grain size distribution on soil – water characteristic curves of sandy soils [J]. Soils & Foundations, 2010, 50 (1): 161 – 172.

[113] 王协群, 邹维列, 骆以道, 邓卫东, 王钊. 压实度与级配对路基重塑黏土土-水特征曲线的影响 [J]. 岩土力学, 2011, 32 (S1): 181 – 184.

[114] 孟德林, 孙德安, 刘月妙. 高庙子膨润土与砂混合物的土-水特征曲线 [J]. 岩土力学, 2012, 33 (2): 509 – 514.

第 2 章

研究材料与方法

层间错动带形成后，天然地应力会使其逐渐发生压密和固结，同时还将延缓地下水的渗流，从而改善层间错动带的物理力学性质。因此，研究层间错动带的工程地质特性应从其物质组成和环境条件两方面来考虑。

在成分上，层间错动带的黏土含量比原岩多；在结构上，由原夹层的过压密胶结变成了泥质散状结构或泥质定向结构；在物理状态方面，泥化夹层的含水量超过塑限，天然含水量一般介于塑限与液限之间，密度则比原夹层有所降低；在力学强度方面，泥化夹层比原夹层大为降低，特别是抗剪强度降低很多，与松软土相似，属中等高压缩性泥化夹层的工程特性，对工程的危害很大。

表 2.1 列举了国内部分水电站层间错动带所受应力情况，可以看出，其在天然状态下承受了较高的应力。

表 2.1 国内部分水电站层间错动带所受应力

水电站	断层产状	断层面上正应力 (0.1MPa)	水电站	断层产状	断层面上正应力 (0.1MPa)
二滩	N150°∠65°	224.00	安康	SE108°∠16°	8.15
龙羊峡	NF72°∠46°	44.82	李家峡	SE230°∠45°	46.10
拉西瓦	SE120°∠13°	60.56			

为了研究层间错动带在现场状态下的力学特性，需要进行现场取样。"原状"试样常在勘探平洞中进行且必须注意避免受到平洞开挖的影响。Muller C G 曾指出，沉积物一旦达到一定的积土负载，被压实的过程是不可逆的。基于这一观点，采取特夹层泥化及分布控制，同一条软弱夹层，由于构造作用和水循环交替等条件的不同，泥化情况及分布有较大的差异。在水循环交替条件好、构造作用强烈的部位，泥化充分、泥化带厚度大。随着深度的增加，泥化带的分布呈规律性变化，即泥化带多分布在地下水季节变化带内（地下水垂直-水平渗流带）。此带中的夹层泥化充分，厚度大；在季节性变化带以下一定深度，仅在接近断层、岩溶洞穴或存在承压水的地段局部见有泥化带或泥膜，且厚度小；在地下水垂直渗流带内，也是地下水循环交替条件好的地段，局部有泥化带的分布。这说明层间错动带在天然状态下有高度的不均匀性，并受多种因素控制，需要进行大量取样，尤以原状样为主来研究不同因素对层间错动带力学特性的影响。

2.1 现场取样

2.1.1 取样点工程地质环境

层间错动带现场取样选定白鹤滩水电站地下厂房区域。白鹤滩位于金沙江下游四川省宁南县和云南省巧家县境内，距巧家县城 45km，上接乌东德水电站，下邻溪洛渡水电站。电站规模巨大，初拟水库正常蓄水位为 820m，总库容为 $179.24 \times 10^8 m^3$，电站总装机容量 12600MW，是我国继三峡水电站、溪洛渡水电站之后的又一座千万千瓦级水电站。两岸地下式厂房拟以首部开发方式布置，地下洞室群主要由主厂房、主变开关室、尾水调压室、母线洞、交通洞、引水、尾水洞等多个洞室组成。其中，主厂房的边墙高度、洞室跨度分别为 78.5m 和 32.0m。

该工程区域属于高原深谷地貌，河谷呈不对称 V 形，地势北高南低，向东侧倾斜。根据分析，厂区一带的初始地应力场受喜马拉雅构造运动期和川滇菱形地质构造作用的影响，在西昌—宁南一带形成 NWW 向挤压应力场。地应力现场实测表明最大和最小水平主应力范围分别在 7.2～23.9MPa 和 5.7～14.1MPa，应力量级总体为中偏高水平。河谷两岸均有层间错动带出露，其由凝灰岩发育而成：母岩（凝灰岩）在构造运动过程中发生破碎、错动，从而形成凝灰质的破碎夹层，并在地下水及风化作用下软弱甚至泥化。工程区域内层间错动带发育规模并不一致，延伸长度在几米甚至数公里，厚度变化较大，最厚处可达 60 cm。

现有的工程地质调研成果表明，白鹤滩水电站厂址区域普遍发育其他工程所罕见的力学性质较差的层间错动带，如图 2.1 所示。左岸地下厂房层间错动带 C_2 总体上倾向右岸偏上游，产状变化不大，总体为 N40°～E50°，SE∠15°～25°。破碎带主要由砾、岩屑及少量泥组成，棕红色，胶结差，中密，泥呈软塑状，无明显的构造错动迹象。C_2 玄武质凝灰岩厚度为 100cm，密度为 $2.36g/cm^3$，厚度 20～30cm，性状较差，遇水易软化，是左岸厂房区主要的软弱夹层，初步围岩分类为 Ⅳ 类。右岸地下

图 2.1　白鹤滩水电站层间错动带现场图片

厂房上覆岩体厚度达 470m，厂房附近分布 C_3、C_4、C_5 等层间错动带：①C_3 层间错动带发育于 $P_2\beta_3$ 和 $P_2\beta_4$ 之间角砾凝灰岩内，角砾凝灰岩的总厚度近 $0.3\sim1.0m$，错动带（破碎带）宽度 $5\sim15cm$，破碎带主要由角砾和岩屑组成，呈层状破裂，C_3 总体上为倾向右岸偏上游的较平直的斜面，产状为 N35°$\sim$50°E，SE∠15°$\sim$25°；②C_4 层间错动带发育于 $P_2\beta_4$ 和 $P_2\beta_5$ 之间，C_4 总体上较为平直，厚度 $0.2m$，倾向右岸偏上游，总体产状为 N35°$\sim$50°E，SE∠15°$\sim$25°；③C_5 层间错动带发育于 $P_2\beta_5$ 和 $P_2\beta_6$ 之间，C_5 总体上展布较为平直，厚度 $0.2m$，倾向右岸偏上游，总体产状为 N35°$\sim$50°E，SE∠15°$\sim$25°。

本书试验原状试样取自该工程区域水平探洞中，根据以往采样的经验，发现在洞壁出露的层间错动带往往位于探洞的松动圈内并长时间吸附空气中的水分，导致测得的天然密度和含水率偏大。本书选定此探洞内三处（距洞口 15m、27m 和 35m 处）作为采样位置，为了减小对试样的扰动，人工凿去层间错动带上方的凝灰岩，并每隔 5cm 挖去洞壁出露的层间错动带进行密度与含水率的测定，挖去的土样收集装入塑料袋用作重塑土样。根据检测得到的含水率和密度随距洞壁深度的变化曲线如图 2.2 和图 2.3 所示，试样在距洞壁 40cm 左右密度与含水率会趋于一致。

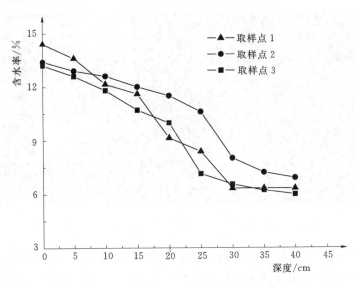

图 2.2 层间错动带含水率随深度变化

2.1.2 无扰动取样法

根据含水率和密度变化规律，选择在距洞壁 40cm 处取样，共选用以下两种方式进行取样：

（1）块状原状样现场取样。小心地用切刀把层间错动带削切成 15cm×15cm×

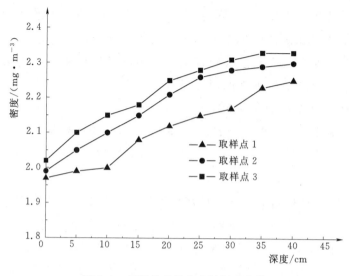

图 2.3　层间错动带密度随深度变化

8cm 的原状试样，并用塑料布密封裹紧，装入样品盒内，样品盒同样用塑料布包裹密封以防止水分蒸发，如图 2.4 所示。

图 2.4　块状原状样现场取样

　　（2）静力法取样。首先选择层间错动带厚度大于 10 cm 处作为采样点，再利用特殊的可开合取样工具利用重锤水平贯入取样，如图 2.5（a）所示。该装置主要由前端刃靴、中部圆形桶、后部套管、传力柱、千斤顶等构成，如图 2.6 所示。其包括取样器的样仓，液压千斤顶、后端支撑柱，其特征在于：取样器的样仓由前端刃靴、右半圆取样桶、左半圆取样桶，压力帽罩构成，前端刃靴为环形中空结构，其端头设置有环形刃口，压力帽罩底端面上设有连接座，在底端面上还开有排气孔，右半圆取样桶和左半圆取样桶纵端面外壁分别设有相互啮合的传力耳，传力耳上分别开有同心孔，销钉活动地插入在传力耳上同心孔中，右半圆取样桶和左半圆取样桶形成圆桶状，其两端分别套装在前端刃靴和压力帽罩内，右半圆取样桶与左半圆取样桶和前端刃靴通

（a）可开合取样工具

（b）圆柱形层间错动带原状样

图 2.5 静力法取样

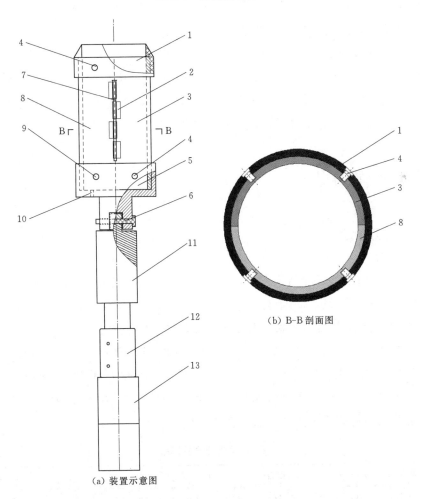

（a）装置示意图

（b）B-B 剖面图

图 2.6 层间错动带静力取样装置

1—前端刃靴；2—传力耳；3—右半圆取样桶；4—固定螺栓；5—压力帽罩；6—连接螺栓；
7—销钉；8—左半圆取样桶；9—固定螺栓；10—排气孔；11—前端传力柱；
12—液压千斤顶；13—后端支撑柱

过固定螺栓连接，右半圆取样桶与左半圆取样桶和压力帽罩通过固定螺栓连接，前端传力柱通过连接螺栓连接在压力帽罩底端面的连接座上。该装置可以实现直径为 10cm，长度为 30cm 的层间错动带取样，如图 2.5（b）所示，具有静压深入、取样扰动小的特点，可利用其进行现场采样。

根据《建筑工程地质勘探与取样规范》（JGJ/T 87—2012）的要求，采用上述取样设备，对较厚的层间错动带进行取样，其取样步骤如下：

1）取土器平稳放置，安装好反力杆，使结构自成一体。

2）采用快速，连续的静压方式贯入取土器，贯入速度不小于 0.1m/s。

3）贯入深度控制在取样桶总长度的 90% 左右。

4）在拉出取土器之前，为切断土样与孔底的联系，可以回转 2～3 圈或稍加静置之后再拔出。

5）提升取土器均匀平稳，避免磕碰。

6）将取得的圆柱形试样 10cm×30cm，如图 2.5（b）所示，从采样器中推出，放入镀锌铁皮盒中，上下两端各去掉约 20 mm，加上一块与试样截面面积相当的不透水塑料片，然后浇灌蜡液与容器端齐平，再将上下两端加盖盖严后用黏胶带牢固地缠绕在铁盒外壁以保证固定原状样，最后将整个铁盒浸入蜡液中以备制样。

2.2　物理性质分析

2.2.1　矿物成分

白鹤滩地区属于二叠系上统玄武岩，层间错动带发育在玄武岩岩流层顶部，上覆凝灰岩，完整构造如图 2.7 所示。由于玄武岩本身较为坚硬，层间错动带多由较软弱的凝灰岩形成。经过长期的地质蚀变，本书将对层间错动带的基本物质成分进行分析。

分别在左岸 C_2（L-1，L-2，L-3）（PD41 距洞口 50m，100m，150m）和右岸 C_3（R-1）（PD62，距洞口 140m）、C_4（R-2）（PD62，距洞口 580m）、C_5（R-3）（PD62，距洞口 620m）取得试样并进行物质成分鉴定。根据 X 射线衍射分析获得厂区层间错动带的物质成分见表 2.2～表 2.5。

表 2.2　　　　　　　　　　　　C_2 物质成分分析结果　　　　　　　　　　　%

取样编号	椆石	赤铁矿	黏土矿物
L-1	20	37	43
L-2	20	30	50
L-3	16	32	52

图 2.7 层间错动带完整构造图

表 2.3　　　　　　　　　　C_2 母岩成分分析结果　　　　　　　　　　%

取样编号	椆石	赤铁矿	黏土矿物
LL	26	39	35
LU	32	38	30

表 2.4　　　　　　　C_3、C_4、C_5 成分分析结果　　　　　　%

取样编号	椆石	赤铁矿	黏土矿物
R-1	12	37	51
R-2	10	35	55
R-3	10	29	61

表 2.5　　　　　　　　　　C_3 母岩成分分析结果

取样编号	椆石	赤铁矿	黏土矿物
RL	16	34	50
RU	21	34	45

2.2.2　物理性质指标

根据现场调研和相关数据分析，可得白鹤滩天然层间错动带物理性质指标，见表 2.6。

表 2.6　　　　　白鹤滩天然层间错动带物理性质指标

样品	天然含水率/%	天然密度/(g·cm⁻³)	土粒比重	孔隙比	干密度/(g·cm⁻³)
层间错动带	7~9	2.04~2.21	2.81~2.93	0.2~0.6	1.98~2.13

27

根据相关研究，层间错动带的分类，C_2 属于全泥型或者泥夹碎屑，其余分别属于碎屑夹泥。粒径分布具有明显的区别，但均为级配良好的颗粒材料，见表 2.7。

表 2.7　层间错动带概化分类

C_2	全泥型/泥夹碎屑
C_3	
C_4	碎屑夹泥
C_5	

整体来看，层间错动带自身的特性如下。

（1）层间错动带是岩石向土转化的中间产物，颗粒粒径分布（PSD）极不均匀。肖树芳和 K. 阿基诺夫等学者已根据 PSD 对其进行了分类，但根据现场采样经验，不仅不同类型之间 PSD 差异很大，即使同一类型同一层位但不同取样地点的 PSD 也有很大差异。

（2）不同位置孔隙比 e 相差较大，但总体数值较低。结合张咸恭等和徐国刚对水利工程中（如葛洲坝，小浪底等）遇到的层间错动带的调查，其孔隙比变化范围为 $0.3 \sim 0.67$。

（3）天然含水率较低，在天然情况下已接近固态或者半固态。但层间错动带含水率会受降雨和水文地质条件的影响，地下水位的变化易导致其含水率的变化。

2.3　小结

白鹤滩水电站厂址区域普遍发育其他工程所罕见的力学性质较差的层间错动带。河谷两岸均有层间错动带出露，其由凝灰岩发育而成，主要矿物成分为赤铁矿、榍石和伊利石。地应力现场实测表明最大水平主应力和最小水平主应力范围分别为 $7.2 \sim 23.9MPa$ 和 $5.7 \sim 14.1MPa$，应力量级总体为中偏高水平。利用研发的可开合的取样工具和合理的取样方法，采得了层间错动带的原状样，并测定了层间错动带的物理性质，这些工作不仅清楚地认识了层间错动带的物理特性与工程地质赋存环境，并为层间错动带的试验打下了基础。

参　考　文　献

[1] 龚裔芳，金福洗，张可能，等. 红砂岩泥化夹层力学特性及其对边坡稳定性的影响 [J]. 重庆交通大学学报，2010（2）：220-223.

[2] 张咸恭，聂德新，韩文峰. 围压效应与软弱夹层泥化的可能性分析 [J]. 地质评论，

1990，30（2）：160－167.

［3］ Mueller C G. Load and deformation response of tieback walls［D］. Urbana－Champaign：University of Illinois，2000.

［4］ 石安池，唐鸣发，单治刚，等.金沙江白鹤滩水电站可行性研究阶段——柱状节理玄武岩专题研究工程地质研究报告［R］.杭州：中国水电顾问集团华东勘察设计研究院，武汉：长江科学院岩基研究所，2006.

［5］ 江亚丽，鲁建荣，黄可.金沙江白鹤滩水电站地下洞室群围岩稳定分析专题研究外委任务书［R］.杭州：中国水电顾问集团华东勘察设计研究院，2008.

［6］ 符文熹，聂德新，尚岳全，等.地应力作用下软弱层带的工程特性研究［J］.岩土工程学报，2002（5）：584－587.

［7］ 中南勘察设计院.建筑工程地质勘探与取样技术规范：JGJ/T 87—2012［S］.北京：中国计划出版社，2012.

［8］ 住房与城乡建设部，国家市场监督管理总局.土工试验方法标准：GB/T 50123—2019［S］.北京：中国计划出版社，2019.

［9］ 肖树芳，K.阿基诺夫.泥化夹层的组构及强度蠕变特性［M］.长春：吉林科学技术出版社，1991.

［10］ 王幼麟，肖振舜.软弱夹层泥化错动带的结构和特性［J］.岩石力学与工程学报，1982，1（1）：43－50.

［11］ 徐国刚.红色碎屑岩系中泥化夹层结构及强度特性研究［J］.人民黄河，1994（10）：33－37.

第 3 章

高压力下层间错动带三轴力学特性

层间错动带被认为是工程中最薄弱的环节，并对整体工程的稳定性起决定性作用。在层间错动带物理性质中，对其抗剪强度起关键作用的是颗粒粒径分布（PSD）。因此，众多学者按照颗粒粒径分布对层间错动带进行分类并根据颗粒组分获得了有关层间错动带强度的普遍性规律。考虑到其赋存环境条件，对于埋藏位置较深的层间错动带，其所处地应力（上覆岩体自重应力）较大，高压力试验条件下（一般指法向压力大于1MPa）往往会获得与低压力条件下不同的力学特性。颗粒破碎是造成该差异的重要原因，不仅会影响岩土体的强度，也会影响其剪切和体积变形规律。层间错动带是软弱岩石向土转化的中间产物，是并未完全泥化的且夹杂着母岩碎屑（块）软弱物质的颗粒类材料，在高压试验条件下极易发生颗粒破碎。目前，颗粒破碎特性的研究成果集中在饱和条件下获得，所得到的相关规律是否适用于非饱和条件还有待验证，且不同含水率条件下颗粒破碎特性并不相同，该特性对强度和剪胀的影响研究尚待开展。

本书试验不仅选择原状样，也选择重塑层间错动带作为试样，理由如下。

（1）现场情况下层间错动带原状样的取样非常困难，且其颗粒粒径分布不均匀，很难获得完全相同的试样进行试验。

（2）本次试验的结果可作为层间错动带性质的定性分析，获得的规律可加入本构模型对其进行描述，当需要描述其现场（天然）状态下的性质时，仅需更改参数即可。

3.1 高压力三轴不排水试验

3.1.1 主要装置与原状样制备方法

试验仪器采用的是由中国科学院武汉岩土力学研究所与法国里尔科技大学联合研制，并由法国 Top Industria 公司生产的 TRIAXIAL CELL V2 高压三轴仪（图 3.1）。该仪器由控制系统、油源、轴压系统、围压系统、位移、荷载传感器组成。最大围压可达 60 MPa，最大轴压 600 kN，轴向位移传感器（LVDT）最大量程为 20 mm，在试验过程中可全自动伺服控制并记录数据。

用削土刀将取得的原状土柱样两端削平，参照相关规范，用切土器把原土柱削至直径 50 mm，高度 100 mm 的圆柱形试样 [图 3.2（a）]，称重后装入密封塑料袋搁置在恒温（22 ℃）房间中以备试验。此外，为了获得原状样的物理性质，将削切下来

图 3.1　TRIAXIAL CELL V2 高压三轴仪

（a）试验前

（b）试验后

图 3.2　原状样试验前、后示意图

的土样做颗粒粒径分析试验和比重试验，并取三处平行测定含水率以代表其物理性质。试验共制得试样 38 个，原状样试验结果见表 3.1。试样最大颗粒粒径在 1cm 左右，但粒径分布极不均匀，限制粒径 d_{60} 变化范围为 0.074～4.276mm；由于含有赤铁矿，其比重相对较大（均值为 2.93），小于 0.5mm 颗粒平均塑限 11.2%，平均塑性指数为 9.8；孔隙比变化范围为 0.21～0.50，可能由于上覆岩体较厚（270～430m），但所处应力场并不相同；试样含水率也不相同，但含水率较低（均值 8.35%），饱和度范围为 96.59%～39.71%。

　　为了模拟施工期前，采用防渗帷幕或排水等截（导）流工程措施来减少施工区的水流从而导致层间错动带中含水量降低的效果，人为将一些试样自然风干，通过称重控制其含水率，当试样达到所设定的含水率时，再次装入密封塑料袋搁置在恒温（22℃）的房间中 24h 以上以备试验。试验前用游标卡尺（精度为 0.02mm）测定了自然风干试样的体积，发现其几乎没有变化；Tinjum J. M. 等发现由于失（吸）水分而造成的试样体积变化与其塑性有关，塑性越低，体积变化越小；试样的含水率本身较低（大部分低于平均塑限），已接近固态，造成体积收缩较小，含水率降低后，饱和度下限降低至 18.52%。

表 3.1 原状样试验结果统计表

试样编号	σ_3/MPa	d_{60}/mm	d_{30}/mm	密度 ρ/(mg·m^{-3})	孔隙比 e	含水率[①] w/%	饱和度 S_r/%	E_0/GPa	σ_s/MPa	B_m
01		0.364	0.045	2.45	0.25	4.23	48.82	3.45	9.4	1.134
02		0.071	0.006	2.25	0.42	8.26	59.69	1.27	4.4	1.392
03		3.225	0.441	2.44	0.30	8.15	80.08	1.92	7.8	2.747
04		0.287	0.027	2.51	0.29	7.12	72.60	1.29	6.1	1.993
05		0.339	0.044	2.50	0.27	7.00	77.52	1.34	6.8	1.915
06	5	0.193	0.024	2.33	0.29	9.01	86.23	0.77	4.7	2.121
07		0.091	0.012	2.57	0.24	6.01	74.87	0.99	5.7	2.220
08		0.517	0.047	2.33	0.41	9.34	65.32	1.21	5.7	1.368
09		0.061	0.005	2.11	0.29	8.89 (2.80)[②]	96.59 (30.44)	3.49	10.8	1.070
10		0.128	0.019	2.26	0.49	10.55 (3.20)	67.63 (20.51)	2.30	7.9	1.280
11		1.296	0.101	2.37	0.43	7.52 (3.10)	48.79 (20.11)	3.86	13.9	1.271
12		0.429	0.030	2.50	0.32	9.08	87.57	2.24	5.9	2.214
13		2.077	0.075	2.26	0.36	8.18	64.55	2.67	8.9	1.313
14		1.368	0.050	2.55	0.27	6.24	69.08	2.81	9.6	1.699
15		0.487	0.058	2.37	0.29	6.12	59.45	3.19	10.4	1.236
16	10	4.276	0.733	2.51	0.34	8.61	79.61	3.95	8.9	2.565
17		1.129	0.093	2.20	0.42	9.10	62.21	3.28	8.0	1.409
18		1.171	0.069	2.43	0.31	6.92	64.18	3.91	9.2	1.421
19		1.639	0.080	2.50	0.44	6.14	39.71	4.57	14.9	1.170
20		0.814	0.053	2.39	0.28	7.21 (3.10)	73.61 (31.64)	5.94	21.4	1.153
21		0.372	0.028	2.30	0.45	10.34 (3.10)	68.47 (20.53)	5.70	22.8	1.232
22		0.627	0.073	2.30	0.35	7.59	61.81	5.21	11.8	1.237
23		2.267	0.068	2.40	0.46	10.37	64.70	8.72	12.7	1.936
24		1.991	0.116	2.37	0.39	7.52	59.56	7.29	16.1	1.543
25		2.411	0.085	2.37	0.30	6.83	64.51	6.99	17.0	1.843
26	20	2.256	0.317	2.35	0.35	7.60	63.02	6.71	16.6	1.967
27		0.884	0.060	2.51	0.34	8.51	75.66	4.69	5.7	1.607
28		0.415	0.051	2.42	0.21	7.28	95.43	5.08	5.0	2.218
29		0.741	0.044	2.43	0.36	7.75 (3.40)	61.43 (26.95)	8.94	25.4	1.116
30		0.920	0.070	2.41	0.29	6.52 (3.12)	64.81 (31.01)	9.11	27.9	1.035
31		0.261	0.029	2.35	0.33	6.60	57.98	10.02	17.3	1.388
32		1.024	0.086	2.38	0.33	10.45	94.61	6.91	4.2	2.760
33		0.250	0.022	2.47	0.32	6.19	57.44	9.36	28.8	2.500
34		0.072	0.008	2.31	0.31	8.31	74.17	8.07	5.1	2.000
35	30	0.387	0.019	2.34	0.47	6.73	44.43	8.29	29.6	1.290
36		0.613	0.061	2.32	0.38	6.30	46.71	8.90	32.6	1.499
37		0.298	0.016	2.44	0.33	7.32	66.21	8.12	17.1	2.759
38		0.423	0.060	2.13	0.46	8.03 (2.90)	51.31 (18.52)	10.93	39.2	1.351

① 表示三次含水率试验的平均值。

② 表示括号中数据为风干后含水率与饱和度。

3.1.2　基于现场条件的试验方案设计

即使在现场采样过程中已精心选择取样位置避免离散性，但由于层间错动带天然状态下分布的不均匀性，很难对采得的原状样进行分组试验：原状土同一组试样间密度的允许差值不得大于 0.03g/cm³，含水率差值不宜大于 2%，但根据表 3.1，即使满足了上述要求，但试样粒径分布依然有较大的差别。因此，本书认为单个试样是一均质体，在不同围压下（5MPa、10MPa、20MPa 和 30MPa，与现场地应力水平相当）开展了不固结不排水（含水率和围压为常数）三轴剪切试验，采用轴向位移控制，剪切速率为 0.1mm/min。当剪切结束后，对每一个试样采用湿筛法做颗粒粒径分析试验。

3.2　三轴力学特性

3.2.1　三轴不排水抗压强度特性

即使试样初始物理性质不一致，各个试样的应力-应变关系曲线表现出了相同的趋势。由图 3.3 中试样 No.26、No.34 和 No.38 的偏应力（q）-轴向应变（ε_a）关系曲线可以看出，试样曲线呈应变硬化，无明显峰值强度。曲线的非线性特征可由目前岩土工程运用较广泛的 Duncan - Chang 模型描述，即

$$q = \frac{\varepsilon_1}{a + b\varepsilon_1} \tag{3-1}$$

式中　a，b——试验参数。a 的倒数即为试样的初始弹性模量 E_0，各试样 E_0 统计结果见表 3.1。

由表 3.1 可以看出，E_0 在不同的试验条件下最大相差 13 倍（范围为 0.87～11.36GPa），但明显高于低压力下获得的 E_0。一般来说，在高围压下颗粒间相互嵌入导致颗粒排列更加紧密，颗粒位置不易发生调整，增大了其抵抗变形的能力；其次，高围压导致了非饱和土体孔隙闭合，提高了试样的密实度从而表现出压硬性。此外，从图 3.4 可以看出，E_0 在随着围压 P 大致落在两条直线范围内，说明 E_0 随 P 的增大而增高，这与葛修润的研究结果相一致。但试验结果明显受物理性质的影响，即其他因素（如 e，d_{60} 和 S_r 等）会影响孔隙排列和变形特征，造成其数据的离散性。

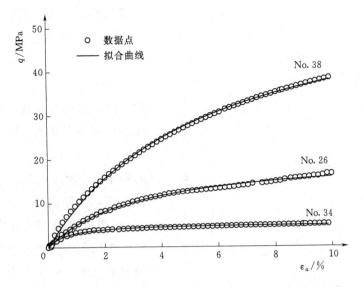

图 3.3 典型偏应力-轴向应变关系及 Duncan-Chang 模型拟合

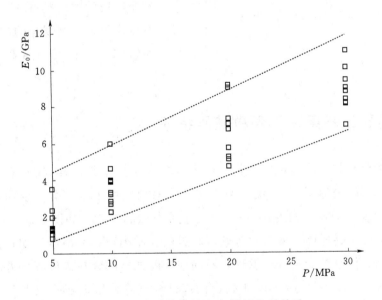

图 3.4 初始弹性模量 E_0 与围压 P 的关系

试样明显呈塑性破坏，破坏后呈腰鼓状［图 3.2（b）］。针对此种破坏形式，本次试验选取轴向应变 $\varepsilon_a = 10\%$ 时的应力为破坏应力。由此可见，试样受外部条件（围压）影响较大，在较高压力下试样的应力-应变曲线和破坏模式主要由高围压控制，Bopp 和 Lade 也得到了类似的结论。但从图 3.5 可以看出，P 对 σ_s 的作用可根据饱和度 S_r 大致分为三个区域（图中虚线所隔开区域）。

（1）Ⅰ区：试样初始饱和度 S_r 较高的情况下（$S_r > 70\%$），σ_s 几乎与围压无关，

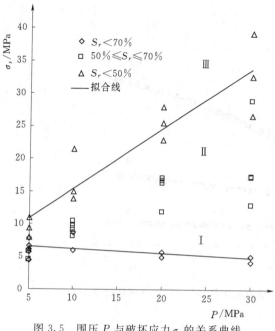

图 3.5　围压 P 与破坏应力 σ_s 的关系曲线

表现出饱和土的性质，但趋势线表明 σ_s 随着围压升高反而表现出下降的趋势。

（2）Ⅱ区：当 S_r 在 $50\%\sim70\%$ 时，数据点较为离散，但总体上 σ_s 随围压的增高而增大。

（3）Ⅲ区：当 S_r 小于 50% 时，σ_s 明显高于同一围压下低饱和度试样的强度，并随着围压的增高而增大。Miura N 等根据对火山灰土的研究指出，颗粒破碎是造成强度包线非线性的根本原因，而层间错动带作为一种夹杂着错动后残留有岩石碎屑（块）软弱物质的颗粒类材料，在高压力下有可能发生了大规模的颗粒破碎，从而造成Ⅰ区 σ_s 反而随着 P 的增高而降低。

3.2.2　高压三轴条件下颗粒破碎特征

对试样的颗粒粒径进行试验分析，其中，图3.6（a）是试样 d_{60} 试验后与试验前的对比图（双对数坐标系下），图中数据点均在对角线的下半部分，说明试验后试样 PSD 发生了改变，颗粒逐渐变细。d_{30} 也发生了类似的变化，如图3.6（b）所示。因此，层间错动带与钙质砂，堆石料等软弱材料的性质类似，在高压剪切作用下会发生颗粒破碎现象。但进一步的分析发现，不同饱和度试样的颗粒破碎程度并不相同：如果采用 Lee K. L. 和 Farhoomand Ⅰ提出的以试样破碎前后级配曲线上某一含量（如 d_{60}，d_{30} 等）的相应粒径之比 B_m 来表示破碎程度。从图3.6可以看出，即使试样的初始物理性质和围压并不相同，但试样的饱和度越高，试验后 d_{60}（或 d_{30}）越偏离角平分线，即颗粒破碎程度越大（以 d_{60} 为参考粒径的 B_m 具体计算结果见表3.1）。由此可见，高饱和度下颗粒越容易破碎：在比较湿润的条件（高饱和度）下，水分易侵入到颗粒裂隙（缺陷）中，在水的润滑作用下，颗粒更容易破裂。这与 Miura N. 和 Ya-manouchi T. 的研究成果相一致。

颗粒破碎会剧烈地改变试样地内在结构，从而影响其抗剪强度。因此，在相同的剪切应变条件下（均为 10%），高饱和度试样发生了不同程度的颗粒破碎并随着围压

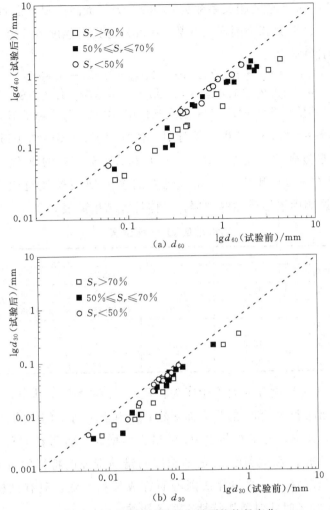

(a) d_{60}

(b) d_{30}

图 3.6　试验前后试样某含量颗粒粒径变化

的增高而增大，导致图 3.5 中Ⅰ区的强度趋势线随围压增高而降低；但低饱和度试样并未受颗粒破碎的影响。此外，值得注意的是，E_0 似乎并未受到颗粒破碎的影响而发生随着围压的增高而降低的现象，其可能已在天然地应力场中达到稳定状态（试验围压与地应力场量级相当）。此外，根据杨光等和吴京等的研究，颗粒破碎主要来源于剪切过程而并非施加围压的过程，因此，可推测 E_0 没有受到颗粒破碎的影响。

3.2.3　三轴不排水抗压强度预测与敏感性分析

层间错动带强度特征不仅与试验条件（围压）有关，也被物理性质等诸多因素制约。本书将采用多元回归方法对试验结果（E_0 和 σ_s）进行拟合，研究不同因素对强度特征的影响。更进一步的分析发现，试样各个物理因素之间存在相关性（d_{60} 与 d_{30} 的相关系数为 0.71，w 和 S_r 的相关系数为 0.56），为了提高回归方程的效率，本书仅考虑围压 P、d_{60}、e、S_r 共四个因素（样数 $n=38$）分别对强度特征值 E_0 和 σ_s 进行多元回归分析，得到计算式为

$$E_0 = 6.66 + 0.29P + 0.48d_{60} - 9.25e - 5.86S_r \qquad (3-2)$$
$$\sigma_s = 12.21 + 1.03P + 1.90d_{60} - 25.37e - 1.92PS_r \qquad (3-3)$$

其中，考虑到不排水条件下 P 与 S_r 的交互作用，式(3-2)采用了 PS_r 形式代替了 S_r。

设显著性水平 $\alpha=0.05$，各因素统计量 t 值均大于 $t_{0.05}33=2.035$，认为各因素回归系数在统计上是显著的。此外，式（3-2）和式（3-3）的 F 值$>F_{0.05}(4, 33)=5.74$。因此，式（3-2）和式（3-3）建立的多元回归模型有效。采用偏相关系数（PCC）作为影响因素敏感性的判据，具体计算结果见表 3.2。

表 3.2 多元回归分析结果

特征值		P	d_{60}	e	S_r	PS_r
E_0	F 值			189.72		
	t 值	25.76	4.21	5.01	9.76	—
	PCC	0.976	0.591	−0.657	−0.862	
σ_s	F 值			81.56		
	t 值	16.79	2.04	3.23	—	13.79
	PCC	0.946	0.335	−0.490	—	−0.923

对于 E_0，各因素影响程度大小排序为：$P > S_r > e > d_{60}$，其中，E_0 随着 P 和 d_{60} 的增大而增高，而随着 S_r 和 e 的增大而减小；P 和 PS_r 对 σ_s 的影响程度最大，而 d_{60} 的影响程度最小，其中，σ_s 随着 P 和 d_{60} 的增大而增高，而随着 PS_r 和 e 的增大而减小。可以看出，围压 P 和饱和度 S_r 是影响层间错动带强度特征的重要因素，而颗粒粒径分布的影响程度最小；这与郭庆国的研究成果相一致：只有试样颗粒粒径大于 5mm 且含量超过 30% 时才对剪切特性有显著影响。

根据以上分析，在实际工程中应重点关注由于开挖卸荷而造成的层间错动带赋存应力场的变化，防止其强度下降过快而造成滑动或失稳；此外，饱和度的下降会显著提高其强度特性，有必要采用防渗帷幕或排水等截（导）流工程措施来减少施工区的水流从而降低层间错动带中的含水量。

3.3　常含水率三轴试验

3.3.1　体积变形量测装置改造方法

自然界中岩土介质是由颗粒和颗粒间的孔隙组成的，即孔隙间既含有液体，又含有气体。目前，常用三轴试验来确定其力学性质。其中，变形测量方法主要有：

（1）方法一：通过测量压力室内液体体积的变化推断试样体积的变化。

（2）方法二：将排出的气体与液体分别独立测量体积后推断试样体积的变化。

（3）方法三：将局部变形量测装置附加在试样上估测体积变形。

（4）方法四：基于激光或图形处理技术观测试样体积变形。

上述方法存在的主要问题有：方法一的压力室结构复杂，往往采用双压力室；方法二需要加分别加设测量孔隙气压力和水压力的装置，但其易受外界大气压和温度的影响。方法三的局部变形装置由于箍在试样上，对试样形成了约束，限制了其侧向变形。方法四造价昂贵，结构复杂，推广有一定困难。为此，在三轴试验中应充分考虑上述问题，采用一种简便的体积量测方式。

针对层间错动带试样变形规律，测量其体积变形，制作一种低造价的试验装置。该装置通过变形钢片与土样的外表面接触，土样产生径向变形，从而引起钢片的变形，通过已经标定的钢片的变形得到土样的变形。装置主要其包括变形钢片、连接钢片、应变片、直线导轨、固定框架［图 3.7（a）］。变形钢片中下部有一凹口，在凹口处的厚度为 0.5mm 左右，凹口的大小与应变片的大小相当；连接钢片一端通过螺钉与变形钢片相连，另一端卡入固定框架的凸台，并用两个止付螺丝固定。应变片粘贴于变形钢片凹口部位；直线导轨包括直线导套和轴承，其通过两个止付螺丝固定于固定框架的凸台上，轴承一端与试样接触，另一端与变形钢片接触，当试样发生变形时，其在直线导套中只能做直线运动。轴承的两端比中间粗且两端头部为圆台，圆台上表面的面积接近于一点，轴承的长度大于变形钢片的内边缘至试样外表面的距离2mm；固定框架是三个圈箍和对称的四个钢柱焊接，每一个圈箍上带有对称的四个凸台固定连接钢片和对称的四个凸台固定直线导轨，圈箍在用于固定连接钢片的凸台处有盲孔，在用于固定直线导轨的凸台处有通孔，圈箍在钢柱上的位置对应于试样高度 H 的 $\frac{1}{R}$，$\frac{1}{S}$，$\frac{1}{T}$；钢柱底部为固定脚，其与承台通过螺钉固定［图 3.7（b）］。

变形钢片采用 40CrNiMoA 合金钢材料，在 850℃淬火；应变片使用金属箔状电阻应变片；其他材料采用不锈钢。测量装置具体使用按下列步骤进行：

（1）第一次使用时，对已经粘贴好应变片的每个变形钢片进行标定，得到变形钢片的变形值与轴承位移之间的关系的标定曲线。

（2）在三轴室内装入试样后，将固定框架通过螺钉固定于承台。

（3）将直线导轨卡入固定框架的凸台中，并用支付螺丝固定。将轴承的一端拉至试样表面。

（4）将连接钢片卡入固定框架的凸台中，并用支付螺丝固定。将变形钢片通过螺钉固定在连接钢片上。由于轴承的长度大于变形钢片的内边缘至试样外表面的距离2mm，变形钢片本身在实验前处于变形状态，保证其已通过直线导轨和试样接触。

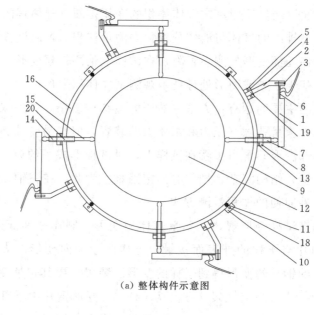

（a）整体构件示意图

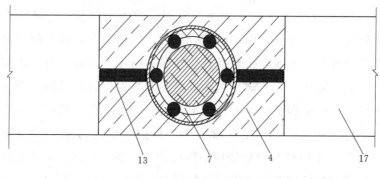

（b）滑动导轨示意图

图 3.7　层间错动带体积变形测量装置

1—变形钢片；2—连接钢片；3—螺钉；4—凸台；5—止付螺丝；6—应变片；7—直线导轨；
8—凸台；9—固定框架；10—固定脚；11—钢柱；12—试样；13—止付螺丝；14—直线导套；
15—轴承；16—圈箍；17—承台；18—螺钉；19—盲孔；20—通孔

（5）实验过程中试样的变形会不断增大，由于直线导轨的摩擦力极小，试样的变形会引起轴承在直线导套中的直线运动，轴承压迫变形钢片变形，由于变形钢片的凹口处厚度为 0.5mm，极易产生变形，与应变片相连的外部数据记录仪可以记录到这些变形，根据标定曲线，则可得到实验中变形钢片测得的每一点的变形值。根据非饱和土的变形特征则可使用以下方法得到试样在实验过程中的体积变形。试样试验前的直径为 D，高度为 H，变形钢片的测点的编号为 1~12（图 3.8），其测得的变形位移值用 x_1~x_{12} 表示，试样变形后 y 可以表示为 x 的三次多项式，则试样的体积的计算式为

$$V = \int_0^{H+\Delta H} \pi x^2 \mathrm{d}y = \int_0^{H+\Delta H} \pi (ay^3 + by^2 + c)^2 \mathrm{d}y \qquad (3-4)$$

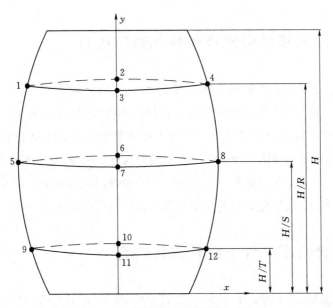

图 3.8　试样体积变形计算示意图

其中 ΔH（负值）是试验过程中某一时刻试样的压缩值，其可由三轴试验机的轴向变形数据得到。a、b、c 为参数，计算式为

$$\begin{pmatrix} x_{13} \\ x_{14} \\ x_{15} \end{pmatrix} = \begin{pmatrix} y_1^3 & y_1^2 & 1 \\ y_2^3 & y_2^2 & 1 \\ y_3^3 & y_3^2 & 1 \end{pmatrix} \begin{pmatrix} a \\ b \\ c \end{pmatrix} \tag{3-5}$$

式中　x_{13}——高度为 $\dfrac{H}{R}$ 处试样变形后半径的平均值，$x_{13} = \dfrac{D}{2} + \dfrac{(x_1 + x_2 + x_3 + x_4)}{4}$；

　　　x_{14}——高度为 $\dfrac{H}{S}$ 处试样变形后半径的平均值，$x_{14} = \dfrac{D}{2} + \dfrac{(x_5 + x_6 + x_7 + x_8)}{4}$；

　　　x_{15}——高度为 $\dfrac{H}{T}$ 处试样变形后半径的平均值，$x_{15} = \dfrac{D}{2} + \dfrac{(x_9 + x_{10} + x_{11} + x_{12})}{4}$；

　　　y_1——测点 1、2、3、4 的 y 坐标值，$y_1 = \dfrac{H}{R} + \Delta H$；

　　　y_2——测点 5、6、7、8 的 y 坐标值，$y_2 = \dfrac{H}{S} + \Delta H$；

　　　y_3——测点 9、10、11、12 的 y 坐标值，$y_3 = \dfrac{H}{T} + \Delta H$。

将求解出的参数 a、b、c 代入式（3-4），则可知道试验过程中某一时刻试样的体积值。通过以上技术方案，使得试样的体积变形可以通过变形钢片变形后由应变片间接测得，该装置结构简单，造价低廉，占用空间小，可以使试样自由变形，量测范围大、精度高，能全过程监测试样的体积变形。

3.3.2　基于层间错动带赋存条件的试验设计

用与现场地应力条件类似的高压力共进行了 4 种不同围压 σ_3 下（5MPa、10MPa、20MPa 和 30MPa）的三轴剪切试验，试样加设排气不排水的垫片，侧重研究高压力和常含水量条件下颗粒破碎对不同含水量试样力学与变形特性的影响。预试验发现，试样压缩10mm 后强度与体变基本稳定，为了获得相同轴向应变条件下的颗粒破碎程度，所有试样均剪压缩切 10mm，采用剪切速率为 0.05mm/min 的轴向位移控制，试验中全过程记录应力、轴向应变和体积应变变量，试验结束后取全试样采用湿筛法作颗粒粒径分析。

3.3.3　不同含水率条件下颗粒破碎特征

为了量化颗粒破碎程度，本书引入了 Hardin BO. 提出的相对破碎指数 B_r，层间错动带的粒径分布曲线和相对颗粒破碎势的定义如图 3.9 所示，其计算式为

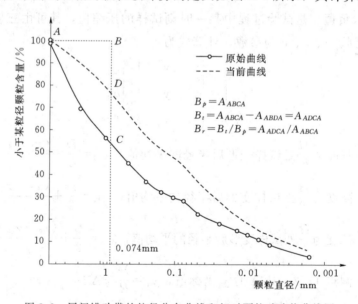

图 3.9　层间错动带的粒径分布曲线和相对颗粒破碎势曲线图

$$B_r = \frac{B_t}{B_p}\qquad(3-6)$$

式中　B_p——颗粒破碎势，等于粒径为 0.074mm 的直线与粒径大于 0.074mm 的粒径分布曲线之间的面积；

　　　B_t——总颗粒破碎势，其等于原始颗粒破碎势减去试验后的颗粒破碎势。

不同围压试验后颗粒破碎对比图如图 3.10 所示。

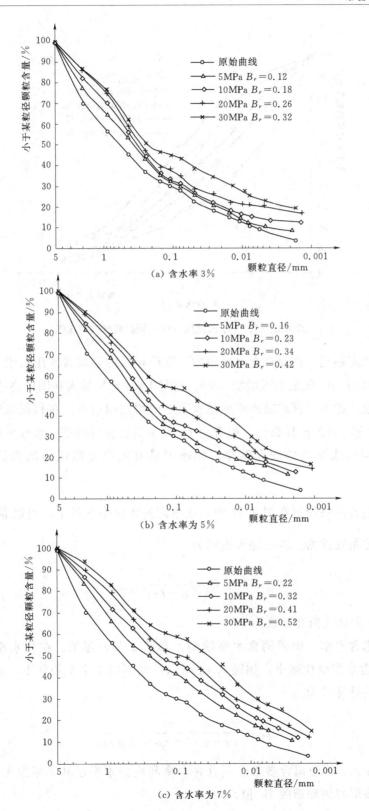

（a）含水率 3%

（b）含水率为 5%

（c）含水率为 7%

图 3.10（一）　不同围压试验后颗粒破碎的对比图

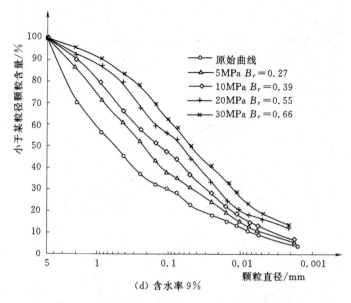

(d) 含水率 9%

图 3.10（二） 不同围压试验后颗粒破碎的对比图

与初始状态相比，在每个含水率组中，破碎颗粒的量随着围压的增加而增加。从 5MPa 到 30MPa，B_r 值最大可增加 0.29。这与 Lade P V 等人在围压高达 70MPa 时的观察结果一致。此外，颗粒破碎程度随含水率的增加而增大。在相同围压下，与含水率分别为 9% 和 3% 的试样相比，前者的 B_r 几乎是后者的两倍。水分更容易进入具有更多天然微裂纹或缺陷的较大颗粒，加速了具有较高孔隙压力的样品的颗粒破碎程度。

将颗粒破碎结果绘制在图 3.11 中，在给定的含水率条件下，可以看出 σ_3 与 $\dfrac{\sigma_3}{B_r}$ 之间的关系几乎是线性的。这一趋势表示为

$$B_r = \frac{\sigma_3}{a + b\sigma_3} \qquad (3-7)$$

其中，a 和 b 为直线拟合参数。

如果考虑含水率，则表明含水率越高，参数 a 和 b 越低。在含水率的实验范围内，a、b 随含水率线性减小，如图 3.12 所示。在不同含水率条件下，描述颗粒破碎与围压关系的计算式为

$$B_r = \frac{\sigma_3}{(uw + v) + (mw + n)\sigma_3} \qquad (3-8)$$

其中，u、v、m、n 为拟合参数。一旦含水率和应力水平已知，根据上述经验公式，可以估算出该层间错动带的 B_r 值。

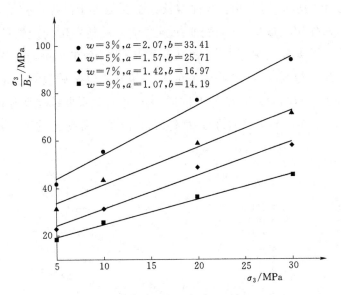

图 3.11 不同围压试验下颗粒破碎指数分布图

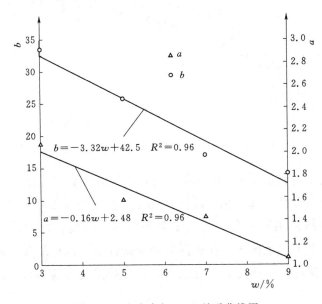

图 3.12 含水率与 a、b 关系曲线图

3.3.4 颗粒破碎对力学行为的影响

层间错动带在不同围压和含水率条件下应力-应变曲线均呈应变硬化。以含水量 5%的试样为例，其在不同围压下应力随着轴向应变增大而增大，未出现峰值。但围压对层间错动带的应力-应变关系影响比较明显，可以看出，当轴向应变较小时（小

于 2％），围压越高则应力越大并呈线性增长，主要是由于试样在初始阶段较致密，且围压对试样的压密作用造成应力-应变曲线斜率增大；随着轴向应变的增加，应力-应变曲线呈非线性，且偏应力随着围压增高而增加的幅度在减小，当围压达到 30MPa 时，其破坏强度几乎与围压为 10MPa 下的试样相同。这种强度增长的趋势如图 3.13 所示，可以看出在相同的含水量条件下试样的 σ_3 与 σ_1 关系曲线呈明显的非线性，该试验结果与 Yang Y 等在高压力条件下针对青藏冻结粉土所得到的 σ_3-σ_1 非线性试验结果相一致。

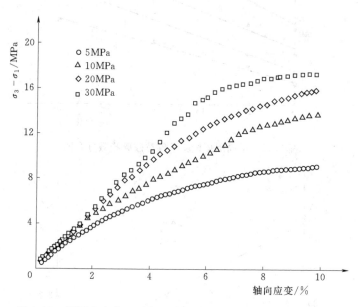

图 3.13　相同含水率（5％）试样的轴向应变与偏应力关系曲线

一般来说，岩土材料的 σ_3-σ_1 关系曲线绝大多数情况下应符合 Mohr-Columnb 准则呈直线，其强度指标并不随围压的改变而改变，但对于易发生颗粒破碎的材料，颗粒破碎会导致材料结构不断劣化，可以显著降低材料强度，从而造成强度包线非线性；此外在考虑的含水量范围内，在相同的围压条件下，试样的含水量越低，其 σ_1 越高，这是由于含水量低的试样吸力往往较大，其抗剪强度会随含水量的降低而增大。

3.3.5　颗粒破碎对力学参数的影响

层间错动带的 σ_3 与 σ_1 之间存在明显的非线性关系，采用 Mohr-Columnb 准则，其计算式为

$$\sigma_1 = M + \sigma_3 N_\varphi \tag{3-9}$$

式中　N_φ——摩擦角的函数；

　　　M——内聚力和摩擦角的函数。

$$N_{\varphi}=\frac{1+\sin\varphi}{1-\sin\varphi}=\tan^{2}(45°+\varphi/2) \qquad (3-10)$$

$$M=\frac{2c\cos\varphi}{1-\sin\varphi} \qquad (3-11)$$

式中　c——表观黏聚力；

　　　φ——摩擦角。

　　其中，当 σ_3 等于零时，M 为单轴抗压强度 σ_1。通过单轴压缩试验，含水率分别为 3%、5%、7%、9% 的试样，抗压强度分别为 0.18MPa、0.13MPa、0.08MPa、0.06MPa。通过式（3-9）~式（3-10），对于一组给定的 σ_1 和 σ_3，σ_1 和 σ_3 之间的关系可以被认为是一条直线。通过这种方法，可以在图 3.14 中获得在各围压下的广义表观黏聚力 c 和摩擦角 φ。

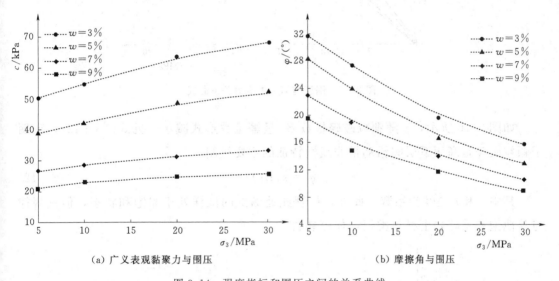

（a）广义表观黏聚力与围压　　　　　　（b）摩擦角与围压

图 3.14　强度指标和围压之间的关系曲线

　　根据图 3.15 中的非线性特征，c 在 5~30MPa 的约束压力下增加约 5~18kPa [图 3.14（a）]。一旦对样品施加更高的围压，大量的颗粒重排就会导致快速致密化。则干密度会显著影响非饱和土体的黏聚力，并且在相同含水率条件下，密度较大的试样的黏聚力较大。然而，φ 随着围压的增加而减小，从 5~30MPa 为 11°~16° [图 3.14（b）]，这也是 Indraratna B 等和 Liu H L 等一直注意到的。摩擦角的变化可能与骨料的级配和结构有关。作为一种易碎材料，由于颗粒破碎引起的材料结构的连续劣化使颗粒间的锁固作用减弱。在颗粒重新排列后，摩擦角在更定向、更光滑的破坏面上减小。此外，由于吸力的影响，在相同的围压下，含水率越低，c 和 φ 越高。在实际应用中，如果灌浆帷幕能使层间错动带含水率由 9% 降低到 3%，则 c 可以增加 29~42kPa，φ 可以增加 7°~12°。c 和 φ 随围压和含水率的变化突出了环境因素对岩土工程问题的重要性。研究表明，c 和 φ 都不是土体的固有特性，它们取决于现场的环境条件。

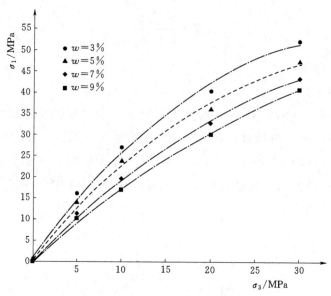

图 3.15 围压与第一主应力关系曲线

如图 3.16 所示，φ 随颗粒破碎指数 B_r 呈幂函数形式减小，见式（3-12），证明了颗粒破碎是高压下层间错动带非线性特征的重要机制。

$$\varphi = s(B_r)^t \tag{3-12}$$

其中 s 和 t 是经验系数。此外，尽管此处测试的试样处于非饱和状态，但其规律与其他饱和易碎岩土材料类似，如碎裂岩。

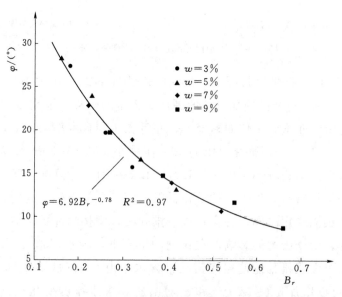

图 3.16 颗粒破碎指数与广义摩擦角的关系曲线

3.3.6 颗粒破碎对剪缩的影响

当围压大于5MPa时，所有样品在整个剪切过程中只能观察到体积发生剪缩变形，类似在三轴试验中围压大于4MPa时，寒武系砂和岩石填充颗粒的整体体积发生剪缩变形。以含水量为5%的样品为例［图3.17（a）］，30MPa围压下的最终体积减小量是5MPa下的1.7倍。此外，随着含水率的增加，剪缩性也增加，含水率为9%的试样，最终体积减小量是含水率为3%的试样的两倍［图3.17（b）］。即随着围压和含水量的增大，剪缩性也随之增大。

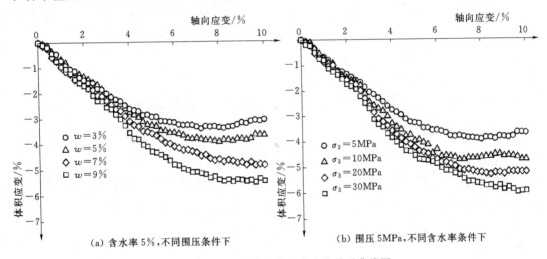

(a) 含水率5%，不同围压条件下　　　(b) 围压5MPa，不同含水率条件下

图3.17　轴向应变与体积应变的关系曲线图

为了研究颗粒破碎与剪切收缩破坏值的关系，采用收缩系数 CTR：

$$CTR = \frac{\Delta\varepsilon_v}{\Delta\varepsilon_1} \qquad (3-13)$$

式中　$\Delta\varepsilon_v$——最终体积应变；

　　　$\Delta\varepsilon_1$——最终轴向应变。

所有样品的 $\Delta\varepsilon_1$ 的大小等于10%。Lade P V 和 Yamamuro J A 发现，颗粒破碎量加剧了试样体积发生剪缩变形。在较高的围压下，这种效应变得越来越明显，其中颗粒破碎是体积变化的主要原因。CTR 和 B_r 之间的关系如图3.18所示。

即使在不同含水量和围压条件下，收缩率也会随着颗粒破碎指数 B_r 的增加而增加，可计算式为

$$CTR = F(B_r)^G \qquad (3-14)$$

其中，F 和 G 是经验系数。对于层间错动带的实验数据 CTR 和 B_r，用式（3-14）进行非线性回归。F 拟合为 -0.95，$G=0.52$，$R^2=0.93$。结果表明，颗粒破碎

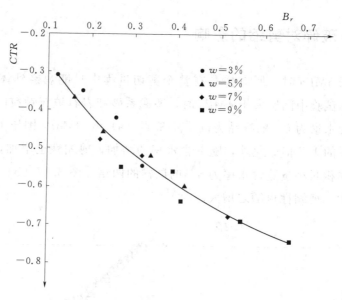

图 3.18　颗粒破碎指数 B_r 与收缩系数 CTR 的关系曲线

对仅含一个参数 B_r 的碎裂岩的剪缩变形有显著的影响。事实上，B_r 已经包含了应力水平和含水量的影响。G 为正值反映了颗粒破碎量对剪缩变形是具有促进作用的。从机理分析来看，破碎后的颗粒将填补原来的孔隙，占据颗粒滚动和滑移的空间。因此，颗粒的重新组构产生了更大的体积缩小，发生收缩的可能性也增加。

3.4　小结

　　针对大型水电站揭露的原状层间错动带试样，通过现场应力条件下的不固结不排水三轴试验及颗粒粒径分析试验，以及通过改进体积变形量测装置，开展常含水率高压三轴试验，研究了不同含水率条件下层间错动带颗粒破碎特性，以及颗粒破碎对其宏观力学特性的影响，得到结论如下：

　　（1）层间错动带的应力-应变曲线和破坏模式主要由高围压控制，其应力-应变关系曲线均为应变硬化型，破坏后呈腰鼓状为塑性破坏。受试验条件（围压）和物理性质的影响，试验结果呈现了很大的离散性。初始弹性模量 E_0 的影响因素排序为：$P > S_r > e > d_{60}$；P 和 PS_r 的交互作用对 σ_s 的影响程度最大，而 d_{60} 的影响程度最小。因此，在实际工程中，层间错动带赋存应力场的变化应给予重视；此外，施工前期有必要采用截（导）流工程措施来减少施工区的水流从而降低层间错动带中的含水量。

　　（2）水分易侵入到颗粒裂隙（缺陷）中，在水的润滑作用下，较湿颗粒更容易破裂，且颗粒破碎是造成高饱和度试样强度包线（趋势线）随围压下降的根本原因。此外，E_0 并未受到颗粒破碎的影响，颗粒破碎主要来源于剪切过程而并非施加围压的过程。

（3）高压条件下颗粒破碎受围压和含水量的影响，颗粒破碎程度随围压和含水量的增大而增大，而且颗粒破碎对层间错动带的收缩变形有显著正影响。

（4）强度参数（广义表观黏聚力 c 和摩擦角 φ）的变化突出了环境条件的重要性。在破坏状态下，第一主应力与围压之间存在非线性特征。围压由 5MPa 增加到 30MPa，c 增加约 5～18kPa，φ 减少 11°～16°。结果表明，即使在不同含水量条件下，随着 Br 的增加，φ 也以幂函数的形式减小，说明颗粒破碎是降低 φ 的重要机制。另外，如果设置灌浆帷幕来降低含水量，当含水量从 9％降低到 3％时，c 可升高 29～42kPa，φ 可升高 7°～12°。

参 考 文 献

[1] 胡卸文. 无泥型软弱层带的强度参数 [J]. 山地学报，2000，18（1）：52-56.

[2] 王行本. 关于软弱夹层的抗剪强度问题 [J]. 水力发电，1985（4）：51-56.

[3] 唐良琴，聂德新，任光明. 软弱结构面粒径成分与抗剪强度参数的关系探讨 [J]. 工程地质学报，2003，11（2）：143-147.

[4] 肖树芳，K. 阿基诺夫. 泥化夹层的组构及强度蠕变特性 [M]. 长春：吉林科学技术出版社，1991.

[5] 马金荣. 深层土的力学特性研究 [D]. 徐州：中国矿业大学，1998.

[6] 陈生水，韩华强，傅华. 循环荷载下堆石料应力变形特性研究 [J]. 岩土工程学报，2010，32（8）：1151-1157.

[7] 魏松，朱俊高，钱七虎，等. 粗粒料颗粒破碎三轴试验研究 [J]. 岩土工程学报，2009，31（4）：533-538.

[8] 魏松，朱俊高. 粗粒料湿化变形三轴试验研究 [J]. 岩土力学，2007，28（8）：1609-1614.

[9] 中华人民共和国住房与城乡建设部，国家市场监督管理总局. 土工试验方法标准：GB/T 50123—2019 [S]. 北京：中国计划出版社，2019.

[10] Tinjum J. M., Benson C. H., Blotz L. R. Soil water characteristic curve of compacted clays [J]. Journal of Geotechnical and Geoenvironmental Engineering, 1997, 123 (11): 1060-1069.

[11] 葛修润. 岩体中节理面、软弱夹层等的力学性质和模拟分析方法（一）[J]. 岩土力学，1979，1（1）：59-72.

[12]　Bopp P A，Lade P V. Relative density effects on drained sand behavior at high pressures [J]. Soils and Foundations（Tokyo），2005，45（1）：15-26.

[13]　Miura N，Ohara S. Particle crushing of a decomposed granite soil under shear stress [J]. Journal of the Japanese Society of Soil Mechanics & Foundation Engineering，2008，19（3）：1-14.

[14]　张家铭，蒋国盛，汪稔. 颗粒破碎及剪胀对钙质砂抗剪强度影响研究 [J]. 岩土力学，2009，30（7）：2043-2048.

[15]　高玉峰，张兵，刘伟，等. 堆石料颗粒破碎特征的大型三轴试验研究 [J]. 岩土力学，2009，30（5）：1237-1246.

[16]　Lee K. L. Farhoomand I. Compressibility and crushing of granular soils in anisotropic triaxial compression [J]. Canadian geotechnical Journal，1967，4（1）：68-100.

[17]　Miura N. & Yamanouchi T. Effect of pore water on the behavior of a sand under high pressures [J]. Technology reports of the Yamaguchi University，1974，1（3）：409-417.

[18]　Bolton MD，Nakata Y，Cheng YP. Micro - and macro - mechanical behavior of DEM crushable materials [J]. Géotechnique，2008，58（6）：471-480.

[19]　杨光，张丙印，于玉贞，等. 不同应力路径下粗颗粒的颗粒破碎试验研究 [J]. 水利学报，2010，41（3）：338-342.

[20]　吴京平，褚瑶，楼志刚. 颗粒破碎对钙质砂变形及强度特性的影响 [J]. 岩土工程学报，1997，19（5）：19-55.

[21]　Agus S. S，Leong E. C. ，Rahardjo H. Soil water characteristic curves of Singapore residual soils [J]. Geotechnical and Geological Engineering，2001，19（3-4）：285-309.

[22]　郭庆国. 粗粒土的工程特性及应用 [M]. 郑州：黄河水利出版社，1998.

[23]　Tarantino，Romero，Y J Cui. Laboratory and filed testing of unsaturated soils [J]. Geotechnical and Geological Engineering，2008，26（6）：1-214.

[24]　Bagherieh，Habibagahi and Ghahramani. A novel approach to measure the volume change of triaxial soil samples based on image processing [J]. Journal of Applied Science，2008，8（13）：2387-2395.

[25]　Hardin B O. Crushing of Soil Particles [J]. Journal of Geotechnical Engineering，1985，111（10）：1177-1192.

[26]　Lade P V，Yamamuro J A，Bopp P A. Significance of Particle Crushing in Granular Materials [J]. Journal of Geotechnical Engineering，1996，122（4）：309-316.

[27]　Yang Y，Lai Y，Chang X. Laboratory and theoretical investigations on the deformation and strength behaviors of artificial frozen soil [J]. Cold Regions Science and Technology，2010，64（1）：39-45.

[28]　宫凤强，侯尚骞，岩小明. 基于正态信息扩散原理的 Mohr - Coulomb 强度准则参数概率模型推断方法 [J]. 岩石力学与工程学报，2013，32（11）：2225-2234.

[29] Norimasa Y，Masayuki H，Yukio N，et al. Evaluation of shear strength and mechanical properties of granulated coal ash based on single particle strength [J]. Soils and Foundations，2012，52（2）：321 – 334.

[30] Zhao Y，Zhou H，Feng X T，Cui Y J. Effects of water content and particle crushing on the shear behaviour of an infilled – joint soil [J]. Géotechnique，2012，62（12）：1133 – 1137.

[31] 凌华，殷宗泽. 非饱和土强度随含水量的变化 [J]. 岩石力学与工程学报，2007，26（7）：1549 – 1503.

[32] Delage P，Cui Y J. Yielding and plastic behaviour of an unsaturated compacted silt [J]. Geotechnique，1996，46（2）：291 – 311.

[33] Indraratna B. Large – scale triaxial testing of greywacke rockfill [J]. Geotechnique，1993，43（1）：37 – 51.

[34] Liu HL，Deng A，Sheng Y. Shear behavior of coarse aggregates for dam construction under varied stress paths [J]. Water Science and Engineering，2008，1（1）：63 – 77.

[35] Lupini J F，Skinner A E，Vaughan P R. Discussion：The drained residual strength of cohesive soils [J]. Geotechnique，1981，32（1）：181 – 213.

[36] Al – Shayea N A. The combined effect of clay and moisture content on the behavior of remolded unsaturated soils [J]. Engineering Geology，2001，62（4）：319 – 342.

[37] Indraratna B，Lackenby J，Christie D. Effect of confining pressure on the degradation of ballast under cyclic loading [J]. Geotechnique，2005，55（4）：325 – 328.

[38] Huang W X，Ren Q W，Sun D A. A study of mechanical behavior of rock – fill materials with reference to particle crushing [J]. Science in China Series E：Technological Sciences，2007，50（s1）：125 – 135.

[39] Li X S，Dafalias Y F. Dilatancy for cohesionless soils [J]. Geotechnique 50（4）：449 – 460.

第4章

层间错动带残余强度特性及破坏机理

边坡工程和地下洞室中岩体发生塌方后，通常在破坏面上所产生的平均剪应力比抗剪强度要小得多。影响该现象的一个重要因素是岩土体材料的残余强度问题。Skempton A W 的研究认为残余强度是指在排水条件下试样经过较大位移所达到的最小剪切应力值。残余强度与试样的矿物成分（如 Atterberg 界限）、颗粒组成、法向应力大小、剪切速率以及孔隙水的化学成分等因素有关；在对富含片状黏土矿物的土体开展试验时，残余剪切特性表现得更加明显，当黏土成分小于 20% 时，黏土矿物对残余强度影响很小，而当黏粒含量大于 50% 时，残余强度将完全由黏土矿物间的滑动摩擦控制，并且黏土矿物的定向性能显著降低残余强度值，这种定向作用在低有效正应力时表现得更为明显。

相关研究表明，残余强度受以下因素影响和控制：

（1）液塑限：残余强度随着塑性指数（或液限、塑限和液限比）的增大而减小。

（2）黏粒含量（小于 0.002 mm）：残余摩擦角随着黏粒含量的增加而呈非线性的减小。

（3）法向应力水平：残余摩擦角随着法向应力的增高而降低，即在较高的法向应力下会出现较小的残余摩擦角。

（4）剪切速率：在排水慢剪条件下形成的预设剪切面上进行快速剪切时，土样强度表现出先升高后明显降低的形态。在快剪初始极小位移条件下，剪切面上首先产生一个初始强度阀值，此阀值大于慢剪残余强度并随剪切速率的增加而增加；此后，随着快剪位移的增加，强度值增加至一个峰值，该峰值强度亦是剪切位移速率的函数；土在到达峰值后，强度随剪切位移的进一步增加而逐渐下降至一个最小值，即形成快剪残余强度。根据快剪残余强度与慢剪残余强度的比较，Tika T E 等发现快速剪切的速度影响效应包括三种类型：正速度效应（快剪残余强度大于慢剪残余强度时）、中速度效应（快剪残余强度等于慢剪残余强度）、负速度效应（快剪残余强度小于慢剪残余强度）。

（5）孔隙溶液的化学作用：Kenney TC 最早发现孔隙溶液的变化能引起残余强度的改变，在充满饱和钠离子的高岭石矿物比充满饱和钙离子的高岭石矿物具有更低的残余强度，而含蒙脱石矿物的黏土比含高岭石矿物的黏土具有更低的残余强度，纯蒙脱石黏土与纯高岭石黏土的残余摩擦角相差达 5.3°。Ramaiah B K 和 Chighini S 认为其实质是化学作用改变了孔隙的微观结构。

（6）吸力：吸力的增加可以提高残余摩擦角，尤其对于高塑性土体。

Lupini J F 等通过对不同级配的人工合成土和天然土的残余剪切机制的分析，发现残余剪切行为和剪切机制随着土中黏粒含量的增加而发生变化。其通过对土剪切后结构和强度衰减变化情况的研究，并根据土中不同形状土颗粒含量的差异和粒间摩擦系数建立了三种残余剪切类型，即扰动型（turbulent mode）、过渡型（transitional mode）、滑动型（sliding mode）。其中扰动型剪切具有较高的残余强度，没有土颗粒的定向排列，峰后强度衰减主要是由于颗粒间接触关系及相对位置充分调整的结果。滑动型残余剪切发生在由具有低粒间摩擦力的扁平矿物颗粒组成的土中。残余剪切发生后在土中产生一个由颗粒定向排列所形成的低抗剪强度剪切面。剪切面一般不受此后的应力历史的影响，而峰后应变软化是颗粒定向排列的结果。过渡型剪切介于上述两类残余剪切类型之间，发生于没有以某种形状土颗粒占优势的土中。在剪切带的不同部位分别表现出扰动型和滑动型残余剪切的性质。在此种剪切形式中，残余摩擦角的变化对土级配的变化非常敏感。

值得一提的是，残余强度的研究对于应变软化行为具有重要意义，土的应变软化过程是一个不稳定过程，常伴随着应变局部化的出现，其在软化过程中产生不同强度特性的主要原因与其内部结构的发展变化具有直接关系。自 20 世纪 70 年代以来，各国学者利用直剪仪、平面应变仪和三轴试验仪等试验设备针对土的峰后强度变化规律、应变局部化产生条件和机制以及土体应变局部化形成后的应力-应变性状等进行了大量试验研究。但是，鉴于这些试验仪器在试验能力和方法上的局限性，并不能很好地反映土在实际大剪切位移下诸如颗粒定向排列、颗粒破碎以及变形局部化发展情况。当前，获取残余强度值的方法主要有环剪试验和高压力反复直剪试验。

4.1　环剪试验

4.1.1　环剪仪与试验原理

自 20 世纪 20 年代至今，国外学者和研究机构一直致力于开发结构简单、操作和制样便捷的环剪试验设备并相继研制出了各种类型的环剪仪。按其结构特征可主要分为两种类型：

（1）类型一：整体外环式环剪仪，其剪切面在试样的上部或者下部，代表仪器为 Bromhead 环剪仪（Bromhead E N 和 StrakT D）、美国伊利诺斯大学香槟分校（UIUC）环剪仪（Sadrekarimi A）。

（2）类型二：开裂外环式环剪仪，其剪切面在试样的中部，代表仪器有英国帝国理工大学（Imperial College）和挪威地质所（Norwegian Geotechnical Institute）环剪仪（Bishop A W 等、Tiwari B 等、东京灾害防研所（DPRI）环剪仪（Sassa K 等）。此型试验仪与其他早期类型环剪仪相比的主要优点是能够很好地控制剪切环间缝，并能够测量土样与剪切环侧壁间的摩擦力。正是由于其可以精确确定试验过程中所有作用于土样上的应力，因此这一特征对于环剪试验而言具有非常重要的意义。

这两种仪器所得到的试验结果可以均可以与实际工程问题相吻合。

环剪仪与其他仪器相比主要有两个优点：①理论上来讲，环剪仪可以在同一个方向产生无限大的位移，因此，黏土颗粒可以在这种条件下完全定向排列；②环剪仪具有一个面积不变的，固定的剪切面，克服了直剪仪的主要缺点。

4.1.2 环剪试样制备方法与试验内容

此次试验采用的仪器是由日本 SEIKENSHA 公司制造的 DTA-138 型环剪仪如图 4.1 所示，其属于类型二环剪仪。其上环固定而下环可以旋转产生扭力，剪切面在试样中间，试样剪切盒示意图如图 4.2 所示，可以单独量测试样与环剪盒所产生的摩擦阻力；内径为 100mm，外径为 150mm，试样高度为 20mm；固结压力由气泵提供，范围在 0~1MPa，剪切速率为 0.004~2mm/min。

图 4.1　DTA-138 型环剪仪　　　　　　图 4.2　试样剪切盒

由于试样宽度相当于土环半径而言较窄，因而一般可假设剪应力沿剪切面均匀分布，作用在试样上的扭矩为

$$T = \frac{2}{3\pi(R_2^3 - R_1^3)\tau}$$
(4-1)

式中　R_1，R_2——分别为试样的内、外半径；

　　　τ——作用于试样上的剪应力。

根据力矩平衡，扭矩为两测力环力的大小与两测力环间垂直间距之积，即

$$T = \frac{(F_1 + F_2)L}{2}$$
(4-2)

式中　F_1，F_2——分别为两测力环的读数，kN；

　　　　L——两测力环之间的间距。

剪应力可表示为

$$\tau = \frac{3(F_1+F_2)L}{4_\pi(R_2^3-R_1^3)} \qquad (4-3)$$

根据以上分析可获得剪应力与位移之间的关系。

　　Villar M V 认为在制样时，使用风干样可以最小地减少初始吸力给抗剪强度带来的复杂性。因此，首先将取得的重塑试样风干，并混合适量的蒸馏水，以达到现场中实测的含水率。之后将其装入密闭的塑料带中并放在恒温恒湿的房间中至少 24h 以备制样。为了获得相同的试样结构，所有试样均在现场含水率和干密度下进行压制。试样编号及试验条件见表 4.1。现共制得三组不同含水率的试样：RS-1 为天然含水率（初始含水率），RS-2 和 RS-3 对应于 60% 和 35% 的饱和度。为了获得不同的含水率试样，首先通过称重法获得试样真实的含水率，并挑选出最接近现场含水率的试样；其他试样自然风干，通过称重控制其含水率，当达到特定的含水率时再放入塑料带中并放在恒温恒湿的房间中至少 24h。

表 4.1　　　　　　　　　　　试样编号及试验条件

样　品		初始含水率/%	初始干密度/(g·cm⁻³)	净法向压力/kPa	试验后含水率/%
RS-1	RS-1-1	13.5 (Sr=0.90)	2.03	89.35～96.57	12.7
	RS-1-2			175.93～195.32	12.1
	RS-1-3			376.58～392.87	11.7
	RS-1-4			710.56～712.01	11.2
RS-2	RS-2-1	9.0 (Sr≈0.60)	2.14	94.23～96.20	8.8
	RS-2-2			180.95～200.73	9.1
	RS-2-3			393.75～398.80	8.7
	RS-2-4			693.78～701.28	8.8
RS-3	RS-3-1	5.0 (Sr≈0.35)	2.15	92.62～96.37	5.1
	RS-3-2			183.97～197.73	4.9
	RS-3-3			358.48～396.09	4.8
	RS-3-4			680.46～693.37	5.1

注　净法向压力为已减去侧壁摩擦力的有效应力。

　　这三组试样均在法向压力为 100kPa、200kPa、400kPa 和 720kPa 条件下进行试验，剪切速率为 0.02mm/min，此剪切速率认为已经足够低可以使孔隙压力消散。在此次试验中，采用了 Rigo M L 对剪切位移的建议：250 mm，以确保试样达到残余状态。但这意味着每一个试样需要 9 天的试验时间。在试验中，剪应力、法向压力、侧摩擦力均可自动检测并记录。此外，根据 Batu V 的建议，试验在恒温环境下进行，以确保孔隙中水的均匀流动。

4.2 大剪切位移下强度特性

图 4.3 给出了 4 种不同法向应力下，含水率为 13.5％（RS-1 组）的剪应力-位移曲线。当施加法向应力小于 200kPa 时，没有明显的应力峰值；但在较高的法向应力下，出现了明显的应力峰值，而且法向应力越大，应力峰值越明显。对含水率为 9％和 5％的剪切曲线也可以进行类似的观察。通常情况下，随着法向应力的增加，土体状态越来越接近于正常固结状态，预计峰值不太明显。这种对立的状态表明剪切试验中涉及其他机制，其主要机理疑似是土体颗粒破碎。

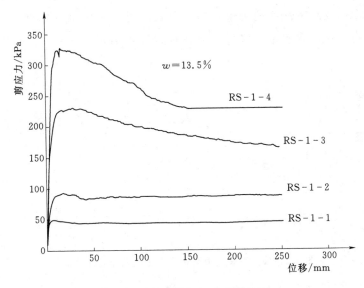

图 4.3　典型剪应力-位移曲线图

图 4.4 显示了土体三种含水率剪应力峰值与法向应力之间的关系。由于所用环剪装置的内外环直径之比为 0.67，大于 0.50，因此可以忽略应变不均匀导致的峰值剪切应力误差。抗剪强度随着含水率的降低而增加，这也与非饱和土的常见结果一致。在所施加的法向应力范围内，随着含水率的降低，测定的黏聚力 c 和摩擦角 φ_p 增大。

图 4.3 也显示了曲线在末端达到稳定状态，通常称为残余剪应力状态。图 4.5 显示了三种含水率下不同法向应力对应的残余剪切应力。当法向应力低于 400kPa 时存在线性关系，而当法向应力高于 400kPa 时，存在非线性关系。Miura S 和 Yagi K 对

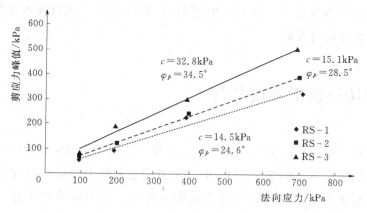

图 4.4 不同含水率剪应力峰值与法向应力的关系曲线

富含石英的沙子以及 Tiwari B 对日本部分火山土也发现了类似的现象。从线性到非线性关系的转变归因于土体颗粒破碎。当法向应力低 400kPa 时，含水率的影响可以忽略不计。相反，在较高的法向应力下，含水率效应显著：含水率越低，残余摩擦角越小。该结果表明，随着含水率的降低，土体颗粒破碎加剧。

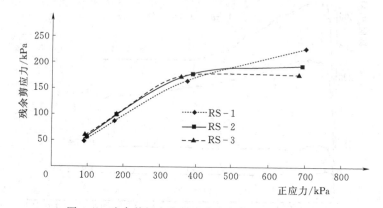

图 4.5 残余剪切应力与正应力之间的非线性关系

4.2.1 物理性质变化特征

通过试验测定了剪切面土的粒径分布情况。图 4.6 是 RS-1 组剪切前后颗粒破碎对比图，图中的原始状态天然土的曲线可供参照比对。总的来说，随着法向应力的增加，破碎颗粒的数量也随之增加。这与 Fukumoto T 的结论相一致。当法向应力小于 200kPa（RS-1-1，RS-1-2）时，曲线与原始曲线比较接近，颗粒破碎不明显。对于较高的法向应力，可以发现明显的颗粒破碎。此外，在最高法向应力（RS-1-4）下，所有大于 1mm 的颗粒均被破坏。McDowell G R 和 Bolton M D 也观察到在剪切试验期间大颗粒的百分比迅速减少，一些较大的颗粒在试验中保存下来。

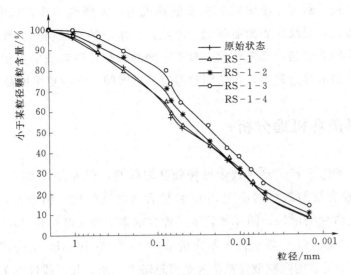

图 4.6　RS-1 组剪切前后颗粒破碎的对比图

土体小于 $75\mu m$ 和 $2\mu m$ 粒径颗粒含量在法向应力下的变化情况如图 4.7 所示。两者含量随法向应力的增加而增加，印证了图 4.6 的结果。在对比不同含水率条件下 $75\mu m$ 粒径的颗粒含量的曲线时，发现土体越湿润，颗粒破碎越多。Miura N 和 Yamanouchi T 以及 Miura S 等观察到类似的趋势。与含水率对 $75\mu m$ 粒径的颗粒作用相比，含水率对于 $2\mu m$ 部分的作用完全相反：含水率越高，颗粒破碎越少。小于 0.01 mm 的颗粒含量在含水率较低的试样中增加得更多。对于较大的颗粒（$75\mu m$），任何含水率的增加都会导致颗粒破碎的增加；相比之下，对于较小的颗粒（$2\mu m$），观察到相反的情况。可根据 Guyon E 和 Du Troadec J P 定义的三种颗粒破碎机理来解释：

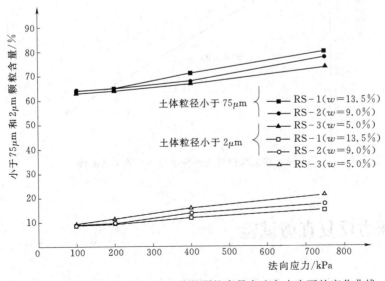

图 4.7　土体小于 $75\mu m$ 和 $2\mu m$ 粒径颗粒含量在法向应力下的变化曲线

断裂，消耗和磨损。断裂是湿颗粒的主要破碎机理：大颗粒中存在较多的天然裂纹，随着孔隙水的渗透，裂纹的表面能降低。因此，含水率的增加会加剧颗粒的断裂，这可能是由于颗粒的剪切强度降低所致。对于干燥的颗粒，消耗或磨损似乎是主要的破碎机理：在翻滚和滑移过程中，角状颗粒很容易被磨圆，产生更多的微粒。

4.2.2　变形破坏机理分析

为了进一步研究颗粒破碎对残余剪切强度的影响，引入参数 S_2^*。其定义为最初的小于 $2\mu m$ 粒径含量与最终的小于 $2\mu m$ 粒径含量之间的比。物理上，S_2^* 表示颗粒破碎引起的黏土含量的增加。图 4.8 表示三种含水率下残余摩擦角（ϕ_{re}）额外减小与 S_2^* 的比值变化。$\phi_{re}(S_2^*)$ 表示任一给定的 $\phi_r(S_2^*)$ 与 100kPa 法向应力下 $\phi_r(S_2^*)$ 之间的差值，其中后者的颗粒破碎被认为是可忽略不计的。几乎线性的关系表明 S_2^* 对 ϕ_{re} 有显著影响，说明颗粒破碎对残余抗剪强度的影响主要是通过产生额外的黏土（小于 $2\mu m$）来完成的。这与 Mesri G 和 Cepeda - Diaz A F 在不同黏土粒级下进行的剪切试验的结果一致。Lupini J F 等指出由于黏土粒径小，在较低的法向应力和较高的含水率中，杂乱无章的颗粒排列占主导地位，不会出现颗粒定向排列，从而导致较大的 ϕ_r。但从图 4.8 中可以看出在较高的法向应力和较低的含水率下，由于颗粒破碎，滑动行为占主导地位，从而产生方向一致的滑动面，从而导致 ϕ_r 的减小。

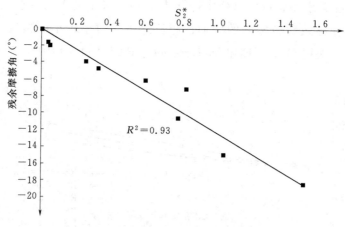

图 4.8　残余摩擦角额外减小与 S_2^* 的关系曲线

4.3　高压力反复直剪试验

峰值强度与含水率相关，残余强度的变化规律还受其他因素影响。层间错动带在地质历史时期经过较大挤压和剪切错动，剪切面上的颗粒已不同程度地定向排列，其抗剪强度已接近或者达到残余强度。层间错动带是一种高度非均质的颗粒类材料，现场很难采集到完全一样的试样进行试验。因此，层间错动带原状样试验数据较少且结果会有很高的离散性。为了进一步研究颗粒破碎对残余强度的影响，也有必要提高法向压力至现场应力水平。本节着重对比原状样与重塑样的力学性质差异，探讨高压力条件下峰值强度和残余强度的变化规律。

4.3.1 试样初始物理性质

原状样的制备见本书第 2 章，试验室针对取样地点的土样补充了颗粒级配分析试验。重塑样的制备是首先把三个采样地点的土样混合均匀并在室外风干，团聚体用木槌敲散。然后过 10 mm 筛，把混合风干后的土样加入定量的蒸馏水搅拌均匀以达到天然含水率（7.1%），并装入密封塑料袋搁置在恒温（22 ℃）的房间中 24 h 以上。最后，根据天然孔隙比（0.44），试验时将定量的土样装入剪切盒中，分三层刨毛并捣筑密实。原状样与重塑样颗粒粒径分布曲线如图 4.9 所示。

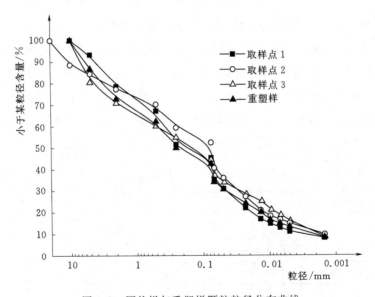

图 4.9　原状样与重塑样颗粒粒径分布曲线

其颗粒形态如图 4.10 所示，对于粒径大于 0.5mm 的颗粒来说，肉眼可见其表面粗糙不平且呈不规则形状。

针对原状样，共进行了法向压力为 2MPa、4MPa、6MPa、8MPa 和 10MPa 五级压力下的固结排水反复剪切试验，每一级压力做一个平行试验。固结标准为 0.002mm/min，每一个试样循环推剪 4 次，推剪速率采用 0.216mm/min，剪切盒拉

|(a) 0～5mm|(b) 2～5mm|(c) 1～2mm|(d) 0.5～1mm|

图 4.10　颗粒大小及形态示意图

回时速率为 0.6mm/min，推剪单程位移为 15mm，累计位移共 60mm。针对不同粒径分布（T1、T2 和 T3）和不同含水率（T1W 和 T1D）条件下的层间错动带重塑样。

颗粒破碎是高压下影响土体力学特性的重要因素，众多国内外学者认为颗粒破碎往往导致土体强度的降低；颗粒的大小、形状、粗糙度与土体的定向排列和剪切强度有着重要的关系。层间错动带是岩石向土转化的中间产物，颗粒并未完全泥化（风化），岩屑（岩片）不均匀夹杂在已发育的泥化带中，结构性较强，颗粒不均匀。颗粒形态一般棱角尖锐，粗糙且呈不规则形状。因此，层间错动带可能在破坏滑动时发生大规模的颗粒破碎。目前，颗粒破碎集中在钙质砂、堆石料等材料的研究中，层间错动带在高压剪切作用下颗粒破碎的研究开展甚少。因此，试验结束后，将上剪切盒中的试样取出，上剪切盒中的试样分为两个区域：A 区域（剪切面附近约 2cm 厚）和 B 区域（A 区域上至试样顶面）做颗粒粒径分析，如图 4.11 所示。但由于层间错动带天然状态下粒径分布不均匀，试验前的粒径分析结果未必可以代表每一个原状样的颗粒大小分布。因此，仅对试验后重塑试样做颗粒粒径分析。此外，仅凿取下剪切盒试样表层土样（约 1cm 厚）做含水率分析（由于下剪切盒中的试样不易取出），试验后测试表明，各试样的含水率差异很小。

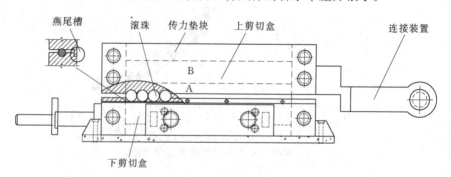

图 4.11　剪切面示意图

4.3.2　适用于高压力的剪切盒改造——直剪盒

残余强度可通过反复直剪试验确定，其操作简便、试验结果力学指标明确，应用范围广泛。但传统的直剪仪法向压力仅有 100~400kPa，考虑到层间错动带现场地应力水平状态，试验过程中难以满足深部土的高压要求。

直剪仪整体框架示意图，如图 4.12 所示。

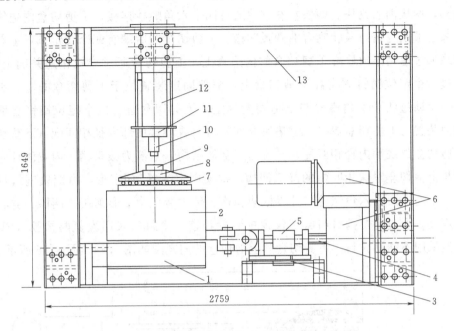

图 4.12　直剪仪整体框架示意图（单位：mm）

1—下剪切盒；2—上剪切盒；3—水平传感器组；4—螺杆；5—水平荷载传感器；
6—变频减速系统；7—滚轴排；8—传力板；9—传力块；10—垂直荷载传感器；
11—传感器连接座；12—液压千斤顶；13—外框

通过提高整体框架刚度，增加水平推力与法向压力，增大量测系统量程，可以使法向压力提高到高应力水平。但其中的剪切盒存在以下缺陷：

（1）传统的剪切盒在高压力下土体易从剪切缝中挤出，不但造成结果失真，而且易使剪切盒在滑动的过程中偏离剪切方向。

（2）在法向压力作用下，土体对侧壁的摩擦会转化为系统的水平摩擦，由于法向压力低，传统的剪切盒一般忽略这个水平摩擦力。但在高压下，水平摩擦力变得很大，其使剪切盒难以滑动。

（3）现有的剪切盒往往与结构整体相连，拆卸不便，装入原状样时扰动较大。而深部原状土样极难获得，如果装样造成扰动则损失极大。

在高压直剪试验中应充分考虑上述问题，开发一种简便的直剪盒就十分必要了。为此，结合白鹤滩现场地应力状态，发明了高压剪切直剪盒（图 4.13），该直剪盒结构简单，使用方便，密闭性好，摩擦力小，对原状样扰动小且能很好与现有仪器兼容的组合式直剪盒。其包括上剪切盒、下剪切盒、导轨、框架固定装置、传力装置、上垫块、下垫块。上剪切盒是对称结构，两块前后钢块、两块左右钢块通过四个六角螺栓连接，上剪切盒内边缘为凸缘，凸缘下端是与密封条相吻合的圆弧凹槽，上剪切盒底端有圆弧形滚珠槽，滚珠放置在滚珠槽内，上剪切盒有与导轨滚珠相匹配的圆弧凹槽。下剪切盒是对称结构，两块前后钢块、两块左右钢块通过四个六角螺栓连接，下剪切盒内边缘为凹缘，凹缘上端是与密封条相吻合的圆弧凹槽。下剪切盒前后端有四个固定脚，上剪切盒的内边缘通过密封条放置在下剪切盒的内边缘上，上剪切盒通过导轨相逢并确定位置，导轨通过六个定位销钉固定在下剪切盒上，框架固定装置位于下剪切盒的左、右及后端，每一个通过两个六角螺栓与下剪切盒固定，下剪切盒通过四个定位销钉与地面固定，传力装置与上剪切盒焊接，上垫块的外径与上剪切盒顶部内径相匹配，下垫块的外径与下剪切盒的底部内径相匹配。导轨为工字形结构，上部为滚珠槽，内置滚珠，导轨中部有与上剪切盒滚珠相匹配的圆弧凹槽。框架固定装置为Ⅱ字形，由四块钢板焊接而成，每一个通过两个六角螺栓与外界框架相连。传力装置由 z 形钢块、钢棒、空心扁圆柱钢块焊接，通过定位销钉与剪切仪顶推装置相连。密封条采用聚氨酯橡胶（PU）材料，其他采用不锈钢材料。下剪切盒和上剪切盒的俯视图如图 4.14、图 4.15 所示。

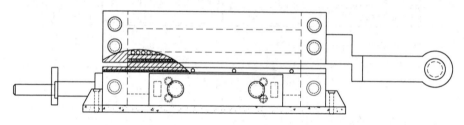

图 4.13　高压剪切直剪盒示意图

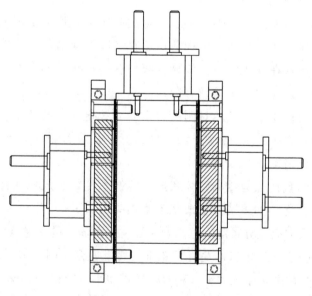

图 4.14　下剪切盒俯视图

使用步骤如下：

（1）将定位销钉插入下剪切盒的固定脚中，在地面上固定下剪切盒。

（2）使用框架固定装置连接下剪切盒与周围框架。

（3）使用定位销钉将导轨固定在下剪切盒上。

（4）在下剪切盒的圆弧凹槽中放入密封条，并涂抹高真空硅脂，增加密封性和减小摩擦。

（5）放入下垫块，再装入原状样或者重塑样。

（6）将上剪切盒与传力装置放置在导轨上，使其可以滑动。

（7）将上剪切盒与传力装置和下剪切盒对齐，盖上上垫块。

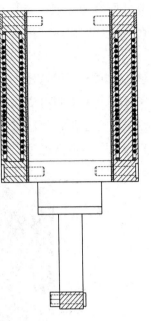

图 4.15　上剪切盒俯视图

该剪切盒的优点主要有：①上剪切盒的带有圆弧槽内侧凸缘和下剪切盒带有圆弧槽的内侧凹缘连接于密封条，其构造可有效防止土样挤出；②上下剪切盒连接于导轨，导轨不仅是承重部件，而且可有效校正剪切方向，其采用滚动摩擦方式，有效降低了摩擦力；③不同高度上下垫块的配合使用，可以满足不同厚度原状样的要求；④与配套系统独立的组合式结构简单，便于拆卸，可减小放入试样前的扰动，传力与框架固定装置与现有直剪仪器有很好的兼容性，使剪切盒能够很快应用于试验中。

剪切缝及滑动导轨示意图如图 4.16、图 4.17 所示。

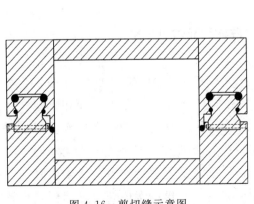

图 4.16　剪切缝示意图

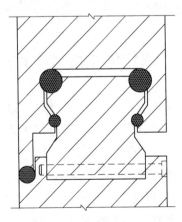

图 4.17　滑动导轨示意图

将上述装置成功运用在中国科学院武汉岩土力学研究所自行研制的大型室内及现场两用直剪装置上（图 4.18）。该仪器的结构，水平与垂直加载系统，量测系统等细节可见参考文献［45］。其净空几何尺寸为 120mm×100mm×80mm（长×宽×高），在剪切盒内边缘使用了燕尾槽结构防止土样在高压力下侧向挤出。仅改变其尺寸大小可以保证剪切盒与原加载系统的相对位置不变，可以充分利用原有结构的可靠性和优越性，原最大设计法向压力为 200kN，改变剪切面积后法向应力理论最高可提高至 16MPa。由于测得的法向压力范围（0～16MPa）比原结构要大很多，原垂直压力传感器不再适用，此次试验法向压力数据直接由千斤顶的出力百分表读得（标定系数为 0.10559）。在试验过程中，水平位移、垂直位移和水平剪力可以自动采集并记录。

图 4.18　大型室内及现场两用直剪装置

4.4　高压力下层间错动带残余强度特性

4.4.1　原状样与重塑样直剪力学指标对比分析

在各级法向压力（2～10MPa）下，试样的剪应力-位移曲线表现出了相同的趋势，典型的剪应力-累计位移试验曲线如图 4.19 所示，其是原状样和重塑样在法向压力为 8MPa 下的试验曲线。从图中可以看出：原状样与重塑样在各次剪切过程中的剪应力-位移曲线均没有明显的峰值强度，曲线形式类似于理想塑性模型曲线。另外，在反复剪切过程中，原状样与重塑样的强度均会随着剪切次数的增多而降低，可以看出第四次剪切强度与第三次剪切强度相差不大，在第四次剪切时已达到残余状态。但原状样第一次剪切后的强度（4.95MPa）略高于重塑样的强度（4.76MPa），原状样第二次剪切强度的降幅（26.9%）高于重塑样（19.1%），且第二次剪切强度低于重塑样；原状样与重塑样第三次剪切强度相比差别不大，在经过四次剪切后，二者残余

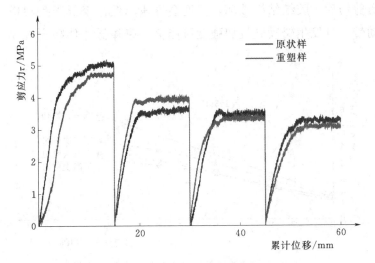

图 4.19　典型原状样和重塑样的剪应力-累计位移曲线（法向压力为 8MPa）

强度几乎趋于一致（分别为 3.15MPa 和 3.01MPa）。

　　根据试验结果，可以得到原状样与重塑样在不同剪切次数下的强度包线，如图 4.20 和图 4.21 所示。从图 4.20 中可以看出，原状样第一次剪切强度包线为直线（黏聚力 c 为 463kPa，摩擦角 φ_p 为 30.23°），但随着剪切次数的增多，第二～四次强度包线有向下弯的趋势，呈明显的非线性。因此，在第一次剪切之后，强度指标由残余摩擦角（φ_r）表示，统计结果见表 4.2。图 4.20 呈现出了与图 4.21 相同的趋势。可以得到，重塑样第一次剪切摩擦角与原状样类似（分别为 30.23° 和 28.44°），但 c 值（195 kPa）降低了一半以上（为原状样 46%），在第二次剪切过程中，重塑样 φ_r 值高于原状样，但在多次剪切过程中 φ_r 值逐渐降低并趋于一致。

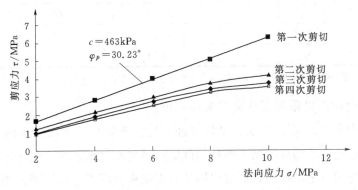

图 4.20　原状样不同剪切次数下的强度包线

　　对比原状样与重塑样的破坏特征和破坏指标，可以得到以下结论：

　　（1）c 值方面：原状样在历史过程中沉淀、挤压后胶结较好，保留了较高的黏聚力，人工重塑试样无法复制天然状态下形成的胶结结构。但原状样胶结结构非常脆弱，一旦经历剪切后，胶结结构破坏，强度会迅速降低甚至低于重塑样。在实际工程中，层间错动带一旦发生错动其抗剪强度可能会迅速降低并伴随大规模的相对滑动，

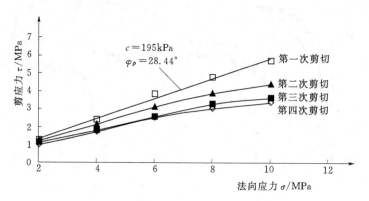

图 4.21　重塑样不同剪切次数下的强度包线

表 4.2 反复直剪结果统计表

试样类别	$w/\%$	σ/MPa	第二次剪切	第三次剪切	第四次剪切
			$\varphi_r/(°)$		
原状样	7.5	2	30.24	26.46	25.39
	7.0	4	28.16	24.88	23.28
	7.2	6	26.15	24.49	22.38
	6.6	8	25.04	23.13	22.03
	7.1	10	22.55	20.51	19.43
重塑样	7.1	2	30.66	28.47	25.65
	7.0	4	27.71	23.94	22.79
	7.1	6	27.33	22.88	21.23
	6.8	8	25.71	22.12	20.63
	6.9	10	23.52	19.81	18.63

注　原状样试验数据为两次试验平均值；φ_r 由 $\tan^{-1}$（剪切强度/法向压力）计算得到。

工程支护设计时应严格限制泥化夹层带位移值。

（2）残余强度（或 φ_r）方面：试样在经历反复剪切后，强度主要由 φ_r 提供；c 由于上下剪切面不连续性和扁平黏土颗粒高度定向排列而逐渐消失。由于原状试样已经存在某种程度上的颗粒定向排列，而重塑样品并无结构性需要进行颗粒的重新排列（第二次剪切 φ_r 值高于原状样），这也是原状样强度要比重塑样强度下降快的原因。此外，φ_r 值与试样的初始结构并不相关，重塑样的 φ_r 值可以替代原状样的 φ_r 值。

层间错动带强度包线的一个重要特征是残余强度的非线性，较低法向压力下的 φ_r 值往往高于高法向压力下的 φ_r 值。鉴于层间错动带颗粒较大（最大 1cm）粗糙且棱

角分明，易发生破碎，颗粒破碎可能是造成其残余强度非线性的原因。

4.4.2 颗粒粒径分析

图 4.22 和图 4.23 分别是重塑样剪切面 A 区域和 B 区域颗粒粒径分布曲线。为了便于对比，重塑样的原颗粒粒径分布曲线也绘制在其中。

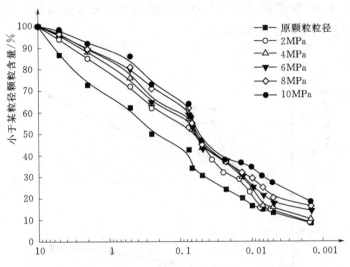

图 4.22 重塑样剪切面 A 区域颗粒粒径分布曲线

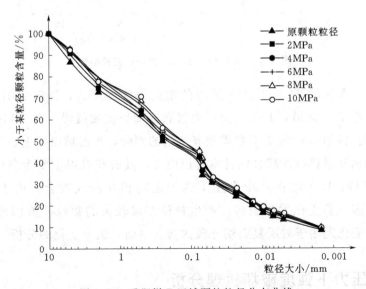

图 4.23 重塑样 B 区域颗粒粒径分布曲线

从图 4.22 可以看出，剪切后 A 区域颗粒粒径分布曲线发生了明显的变化，曲线随着法向压力的增高而向上移动：颗粒破碎会随法向压力的升高而增大，10MPa 法向压力下的曲线位于图中最上部，细颗粒明显增多；B 区域颗粒粒径分布曲线与原颗粒粒径分布相比并未发生较大的改变，尤其是 0.075mm 以下细颗粒部分曲线几乎与原颗粒粒径分布相同；粒径较大（大于 0.075mm）部分曲线段随着法向压力的增高有所上移，说明较大粒径发生了颗粒破碎，但破碎程度并不明显。为了量化颗粒破碎，本节采用 Hardin B O 提出的颗粒粒径破碎指数 B_r 量化其颗粒破碎程度。B_r 定义为在横轴为 $\log_{10}$（粒径），纵轴为超过某粒径百分比坐标系中，试验后颗粒粒径分布曲线和粒径为 0.074mm 竖线所围面积与试验前颗粒粒径分布曲线与 0.074mm 竖线所围面积的比值，计算结果如图 4.24 所示。

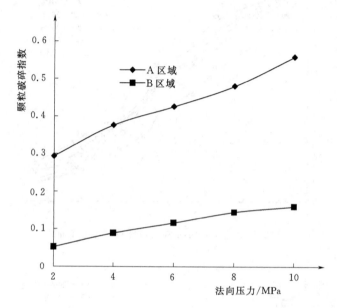

图 4.24　A 区域与 B 区域的颗粒破碎指数

可以看出，A 区域 B_r 随着法向压力的增高而线性增大，B 区域 B_r 较小（小于 0.16）且明显小于 A 区域，其随法向压力增高但增长比较缓慢。A、B 区域颗粒破碎机制明显不同：根据 Guyon 等对颗粒破碎机制的划分，A 区域由于上、下剪切面的滑动，颗粒之间相互滑移碰撞超过颗粒本身拉应力，其破碎机理主要为磨耗或磨损，更易产生细小颗粒；B 区域在高压作用下颗粒之间相互嵌入咬合，由于大颗粒微裂隙（缺陷）较多，易受压发生破碎，产生粒径相对较大的颗粒。剪切面附近（A 区域）颗粒粒径变化适用于对反复剪切导致的剪切（面）强度变化的分析。

4.4.3　高压力下强度破坏机理分析

理论上讲，任意某一粒径在剪切前后所占的粒径比例都可以用来分析颗粒破碎。除 B_r 外，采用参数 S_2 进一步分析颗粒粒径对残余强度的影响。S_2 定义为剪切后与剪

切前小于 $2\mu m$ 粒径比例的比值。图 4.25 描述了峰值强度（第一次剪切强度）与残余强度的比值（R/P）和 B_r、S_2 的关系。

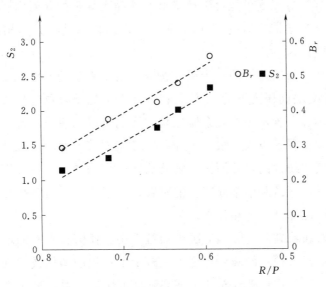

图 4.25 R/P 与 B_r 和 S_2 的线性关系

可以看出，R/P 与 B_r，S_2 几乎是线性关系，根据 B_r 与 S_2 的定义，颗粒破碎本身与破碎后黏粒含量（小于 $2\mu m$）的增加均会对残余强度产生影响：

（1）每一次剪切过程是土体抗剪强度不断增高直至不能承受剪应力（破坏）为止，这一过程也是能量累积的过程。当剪切力不断增高并反复剪切时会发生颗粒的损耗或磨损并导致颗粒破碎，这一过程伴随着能量的释放，从而降低了土体的抗剪能力。

（2）残余强度与颗粒定向排列密切相关。Mesri G 等对比不同黏粒含量（小于 $2\mu m$）试样的剪切强度，发现黏粒含量的增多会降低剪切强度。在本次试验中，即使重塑试样初始粒径相同，颗粒破碎导致试样在试验中不断产生黏粒（小于 $2\mu m$）从而增加了颗粒的定向排列并由此降低了残余强度。

4.5 小结

本章通过环剪与反复直剪试验，讨论了不同因素对其残余强度的影响，建立了可用于工程实际的残余强度初步预测公式；发现了其应力-应变曲线非线性的本质，并针对不同条件分析了颗粒破碎的机理。其主要结论如下：

（1）原状样在历史过程中沉淀、挤压后胶结较好，保留了较高的黏聚力，人工重塑试样无法复制天然状态下形成的胶结结构。但原状样胶结结构非常脆弱，一旦经历剪切后，胶结结构破坏，强度会迅速降低甚至低于重塑样。在实际工程中，层间错动带一旦发生错动其抗剪强度可能会迅速降低并伴随大规模的相对滑动，工程支护设计时应严格限制泥化夹层带位移值。但 φ_r 值与试样的初始结构并不相关，重塑样的 φ_r 值可以替代原状样的 φ_r 值。

（2）层间错动带强度包线的一个重要特征是残余强度的非线性，较低法向压力下的 φ_r 值往往高于高法向压力下的 φ_r 值。在低法向应力下，颗粒破碎对残余剪切强度的影响可以忽略不计，含水率对残余摩擦角的影响也可以忽略不计。但在高法向应力下，鉴于层间错动带颗粒较大（最大 1 cm）粗糙且棱角分明，易发生破碎，颗粒破碎是造成其残余强度非线性的重要原因：随着法向应力的增大，一方面颗粒破碎导致能量释放加剧；另一方面试验中不断产生的黏粒（小于 $2\mu m$）含量增多，增大了颗粒的定向排列程度并由此降低了剪切强度。

（3）含水率对颗粒破碎的影响取决于颗粒大小：任何含水率的增长都会增强颗粒的破碎，从而增加了大颗粒的破碎程度，但减少了颗粒的消耗或磨损，从而减少了小颗粒的破碎程度，而且颗粒破碎对残余剪切强度的影响主要是通过产生额外的黏土颗粒（小于 $2\mu m$）实现的。

参 考 文 献

［1］ Skempton A W. Long – Term Stability of Clay Slopes ［J］. Géotechnique，1964，14（2）：75 – 102.

［2］ De P K，Furdas B. Discussion on Wallace ［J］. Géotechnique，1973，23（4）：601 – 603.

［3］ Dewoolkar M M，Huzjak R J. Drained residual shear strength of some claystones from Front Range ［J］，Colorado. Journal of Geotechnical and Geoenvironmental Engineering，2005，131（12）：1543 – 1551.

［4］ Mitchell J K. Fundamentals of Soil Behavior ［M］. New York：John Wiley，1976.

［5］ Stark T D，Eid H T. Drained Residual Strength of Cohesive Soils ［J］. Journal of Geotechnical Engineering. ASCE，1994，120（5）：856 – 871.

［6］ Tika T E，Vaughan P R，Lemos L. Fast shearing of pre – existing shear zones in soil ［J］. Géotechnique，1996，46（2）：197 – 233.

［7］ Kenney T C. The influence of mineral composition on the residual strength of natural soils ［J］. Proc Geotech Conf on the Shear strength properties of natural soils and Rocks. 1967，1：123 – 129.

［8］ Miura N, Yamanouchi T. Effect of pore water on the behavior of a sand under high pressures ［J］. Technology reports of the Yamaguchi University, 1974, 1 (3): 409 – 417.

［9］ Ramaiah B K, Dayalu, N K, Purushothamaraj P. Influence of chemicals on residual strength of silty clay ［J］. Soils and Foundations, 1970, 10: 25 – 36.

［10］ Chighini S, Lancellotta R, Musso G, Romero E. Mechanical behaviour of MonasteroBormida Clay: chemical and destructuration effects ［C］. Proc. Int. Conf. On Problematic Soils, Cyprus, Eastern Mediterranean Un. Press, 2005, 381 – 388.

［11］ Vanapalli S K, Garga V K, InfanteSedano J A. Determination of the shear strength of unsaturated soils using the modified ring shear apparatus ［C］. Proceedings of the International Symposium on Advanced Experimental Unsaturated Soil Mechanics, Trento, 2005: 25 – 130.

［12］ Vaunat J, Amador C, Romero E, Djéran Maigre D. Residual strength of low plasticity clay at high suctions ［C］. Proceedings of the 4th International Conference on Unsaturated Soils, Carefree, Arizona, USA, 2006.

［13］ Lupini J F, SkinnerA E, Vaughan P R. The drained residual strength of cohesive soils ［J］. Géotechnique, 1981, 31 (2): 181 – 213.

［14］ Bromhead E N. A Simple Ring Shear Apparatus ［J］. Ground Engineering, 1979, 12 (5): 40 – 44.

［15］ Stark T D, Olson S M, Walton W H, Castro G. Discussion of "1907 Static Liquefaction Flow Failure of North Dike of Wachusett Dam" ［J］. Journal of Geotechnicaland Geoenvironmental Engineering, 2002, 126 (12): 800 – 801.

［16］ Sadrekarimi A. Olson S M. A new ring shear device to measure the large displacement shearing behaviour of sands ［J］. Geotechnical Testing Journal. 2009, 32 (3): 197 – 208.

［17］ Sadrekarimi A. Olson, S M. Particle damage observed in ring shear tests on sands ［J］. Geotechnical Testing Journal. ASTM, 2010: 32 (3), 197 – 208.

［18］ Bishop A W, Green G E, Garga V K, Andresen A, Brown J D. A new ring shear apparatus and its application to the measurement of residual strength ［J］. Géotechnique, 1971, 21 (4): 273 – 328.

［19］ Tiwari B, Marui H. Objective oriented multi – stage ring shear test for the shear strength of landslide soil ［J］. Journal of Geotechnical and Geoenvironmental Engineering, ASCE, 2004, 130 (2), 217 – 222.

［20］ Sassa K. A new intelligent – type dynamic – loading ring – shear apparatus ［J］. Landslide, 1997, 10: 33.

［21］ Sassa K, Wang G, Fukuoka H. Performing undrained shear tests on saturated sands in a new intelligent type of ring shear apparatus ［J］. Geotechnical Testing Journal, 2003, 26 (3): 257 – 265.

[22] Stark T D, Vettel J J. Bromhead ring shear test procedure [J]. Geotechnical Testing Journal. ASTM, 1992: 15 (1): 24 – 32.

[23] Tiwari B, Brandon T, Marui H, Tuladhar G. Comparison of residual shear strength from back analysis and ring shear tests on undisturbed and remolded specimens [J]. Journal of Geotechnical and Geoenvironmental Engineering, ASCE, 2005, 131 (9): 1071 – 1079.

[24] Okada Y, Sassa K. Fukuoka H. Excess pore pressure and grain crushing of sands by means of undrained and naturally drained ring – shear tests [J]. Engineering Geology, 2004, 75 (3 – 4): 325 – 343.

[25] Villar M V, Lloret A. Influence of dry density and water content on the swelling of a compacted bentonite [J]. Applied Clay Science, 2008, 39 (1 – 2): 38 – 49.

[26] Fredlund D G, Rahardjo H. Soil mechanics for unsaturated soils [M]. New York: John Wiley & Sons, Inc. , 1993.

[27] Delage P, Audiguier M, Cui Y J, Howat M D. Microstructure of a compacted silt [J]. Candian Geotechnical Journal, 1996, 33: 150 – 156.

[28] Miller C J, Yesiller N, Yaldo K, Merayyan S. Impact of soil type and compaction conditions on soil water characteristic [J]. Journal of Geotechnical and Geoenvironmental Engineering, ASCE, 2002, 128 (9): 733 – 742.

[29] Rigo M L, Pinheiro R J B. The residual shear strength of tropical soils [J]. Canadian Geotechnical Journal, 2006, 43 (4): 431 – 447.

[30] Batu V. A Generalized Two – dimensional Analytical Solution for Hydroynamic Dispersion in Bounded Media with the First – type Baundary Condition at the Source [J]. Water Resources Research. 1989, 25 (6): 1125 – 1132.

[31] Coop M R, Sorensen K K, Bodas F T, Georgoutsos G. Particle breakage during shearing of a carbonate sand [J]. Géotechnique, 2004, 54 (3): 157 – 163.

[32] Hvorslev M J. Torsion ring shear tests and their place in the determination of the shering resistance of soils [J]. Proc. ASTM. 1939 (39): 999 – 1022.

[33] Alonso E E, Gens A, Josa A. A Constitutive Model for Partially Saturated Soils [J]. Géotechnique, 1990, 40 (3): 405 – 430.

[34] Delage P, Cui Y J. Yielding and plastic behaviour of an unsaturated compacted silt [J]. Géotechnique, 1996, 46 (2): 291 – 311.

[35] Miura S, Yagi K. Mechanical behaviour and particle crushing of volcanic coarse – grained soils in Japan [J]. Characterisation and Engineering Properties of Natural Soils, 2003: 1169 – 1204.

[36] Tiwari B. Particle Crushing in Natural Soil at Large Displacements [J]. Electronic Journal of Geotechnical Engineering, 2010, 15: 1221 – 1242.

[37] Fukumoto T. Particle breakage characteristics of granular materials [J]. Soils

Found. 1992，32（1）：26 – 40.

[38] McDowell G R，Bolton M D. On the micro mechanics of crushable aggregates [J]. Géotechnique，1998，48（5）：667 – 679.

[39] Miura N，Yamanouchi T. Effect of pore water on the behavior of a sand under high pressures [J]. Technol. Rep. Yamaguchi University，1974，1（3）：409 – 417.

[40] Miura S，Yagi K，AsonumaT. Deforemation – Strength Evaluation of Crushable Volcanic Solis by Laboratory and In – Situ Testing [J]. Soils and Foundations，2003.

[41] Guyon E，Du Troadec J P. Sac de billes au tas de sable [M]. Paris，France：OdileJacob Sciences，1994.

[42] Mesri G，Cepeda – Diaz A F. Residual shear strength of clays and shales [J]. Géotechnique，1986，36（2）：269 – 274.

[43] 张家铭，蒋国盛，汪稔. 颗粒破碎及剪胀对钙质砂抗剪强度影响研究 [J]. 岩土力学，2009，30（7）：2043 – 2048.

[44] 高玉峰，张兵，刘伟，艾艳梅. 堆石料颗粒破碎特征的大型三轴试验研究 [J]. 岩土力学，2009，30（5）：1237 – 1246.

[45] 闵弘,刘小丽，魏进兵，邓建辉，谭国焕，李焯芬. 现场室内两用大型直剪仪研制（Ⅰ）：结构设计 [J]. 岩土力学，2006，26（1）：168 – 172.

[46] Hardin B O. Crushing of Soil Particles [J]. Journal of Geotechnical Engineering，1985，111（10）：1177 – 1192.

第 5 章

初始物理性质对层间错动带剪切强度和颗粒破碎影响

层间错动带是岩石向土转化的中间产物，其常在褶皱岩体的地下或边坡工程中遇到，是工程地质性质中最差的不连续面，对整体工程的稳定性起决定性作用。在有层间错动带出露的工程设计中，残余强度是一个重要的强度指标。但其力学性质不仅与其物理性质（如矿物成分、颗粒分布和化学成分）相关，也受其赋存的环境条件（如地应力、地下水的流动）的影响，受降雨和水文地质条件的影响，地下水位的变化会造成层间错动带含水率的变化。从工程角度看，在大型工程施工期前，需要采用防渗帷幕或排水等截（导）流工程措施来减少施工区的水流，从而导致层间错动带中含水率的降低。为了评价层间错动带中含水率的差异所导致的力学性能的变化，有必要开展在不同含水率条件下的抗剪试验。此外，层间错动带作为一种夹杂着错动后残留有岩石碎屑（块）软弱物质的颗粒类材料，在剪切应力下其塑性变形主要来源于颗粒破碎。颗粒破碎不仅会改变其内在结构，也会引起颗粒的重新排列，从而影响其抗剪强度。基于以上原因，层间错动带在剪切过程中颗粒破碎对其产生的影响是不可忽略的。为了研究不同因素对层间错动带剪切强度的影响，针对不同 PSD、不同含水率条件下的层间错动带重塑样开展了法向应力高达 10 MPa 的反复直剪试验。

5.1 高压力固结排水剪切试验

5.1.1 不同初始粒径分布与不同含水率试样制备

为了获得不同初始粒径分布的试样，首先把取得的土样风干并干筛成粒径范围为 $2 \sim 1mm$，$1 \sim 0.5mm$ 和小于 $0.5mm$ 三组，然后从每组称取定量的颗粒并混合，人工制造出两种不同的粒径分布，最终的粒径分布使用湿筛法和比重计法测得。图 5.1 是 T1、T2 和 T3 颗粒粒径分布曲线。T1 属于泥夹碎屑，T2 和 T3 分别属于泥夹粉砂（或粉砂夹泥）和全泥型。但根据《土的工程分类标准》（GB/T 50145—2007），T1 属于粉土质砂，T2 和 T3 均属于含粗粒的细粒土。这三种粒径分布具有明显的区别，T1 的最大粒径 d_{max} 为 10mm，限制粒径 d_{60} 为 0.455mm，有效粒径 d_{10} 为 0.00261mm；T2 的最大粒径 d_{max} 为 2mm，限制粒径 d_{60} 为 0.200mm；T3 的最大粒径 d_{max} 为 0.5mm，限制粒径 d_{60} 为 0.072mm；T2 和 T3 的有效粒径 d_{10} 均小于试验测得的最小粒径。

为了研究不同含水率对层间错动带抗剪强度的影响，制作了与剪切盒内边缘相同

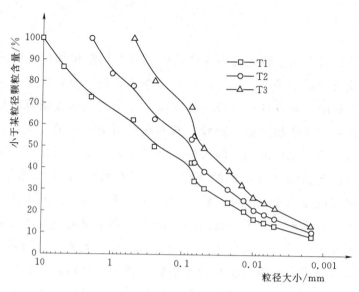

图 5.1　T1、T2 和 T3 的颗粒粒径分布曲线

尺寸（120mm×100mm×80mm）的可拆卸不锈钢盒，将压制好的试样（仅选取 T1 作为试样的颗粒粒径分布，含水率 7%，孔隙比 0.44）从盒中取出，对试样自然风干或使用喷雾法并通过称重控制其含水率。试验共选取两组含水率进行对比，分别是 10%（喷雾法，编号为 T3W）和 3%（自然风干，编号为 T3D）。当试样达到所设定的含水率时，再次装入密封塑料袋搁置在恒温（22℃）的房间中 24h 以上以备试验。试验前用游标卡尺（精度为 0.02mm）测定了 T1W 和 T1D 的试样体积，发现其几乎没有变化。可能由于其塑性（$I_p = 10.1$）较小且饱和度较低（小于 70%）：根据 Tinjum J M 等和 Haines W B，试样的塑性越小，由于吸水（失水）产生的体积变化越小，且大部分的变化主要发生在高饱和度情况下。

5.1.2　固结排水剪切试验方案

针对不同粒径分布（T1、T2、T3）和不同含水率（T1W、T1D）条件下的层间错动带重塑样，共进行了法向应力分别为 2MPa、4MPa、6MPa、8MPa、10MPa 共 5 级压力下的固结排水反复剪切试验。试验过程参照文献［7］。固结标准为沉降量小于 0.002mm/min。每一个试样循环推剪 4 次，推剪速率为 0.216mm/min，剪切盒拉回时速率为 0.6mm/min，推剪单程位移为 15mm，累计位移共 60mm。试验结束后取上剪切盒试样的剪切面区域（厚约 2cm）作颗粒粒径分析，并凿取下剪切盒部分试样进行含水率分析，可以看出剪切后含水率变化不大（表 5.1）。

采用中国科学院武汉岩土力学研究所自行研制的应变式大型室内及现场两用直剪

装置。该仪器的结构、水平与垂直加载系统、量测系统等情况可参考文献［10］。本次试验采用本书第 5.4 节中改造后的剪切盒，其可与原结构相匹配，并将法向应力最高提高至 16MPa。

表 5.1　　　　　　　　　　　反复直剪试验结果统计表

法向应力 /MPa	φ_r/(°)					含水率/%				
	T1	T2	T3	T1W	T1D	T1	T2	T3	T1W	T1D
2	25.65	22.79	21.56	25.70	24.26	7.1	6.9	6.8	9.8	2.8
4	22.79	21.81	19.68	23.73	22.00	7.0	6.7	6.8	9.7	3.0
6	21.23	21.15	19.47	22.48	20.47	7.1	6.9	7.0	9.7	2.9
8	20.63	20.69	19.24	22.00	18.50	6.8	7.0	7.1	9.6	2.8
10	18.63	18.68	18.07	20.56	15.96	6.9	7.1	7.0	9.8	3.0

注　φ_r 由 $\tan^{-1}$（剪切强度/法向应力）计算得到；含水率为试验后数值。

5.2 颗粒破碎与剪切强度分析

反复直剪试验结果如图 5.2、图 5.3 所示。从图中可以看到，在各次剪切过程后，剪切强度随法向应力的增高而增大；经历峰值强度（首次剪切强度）后，强度逐渐下降；第 4 次剪切强度已与第 3 次剪切强度相差不大，根据 Skepton A W. 对残余强度的定义，可认为第 4 次剪切强度即是其残余强度。但在不同初始 PSD 和含水率的影响下，试样的试验曲线形态、峰值强度和残余强度各有不同，本书结合颗粒破碎特征，分别对初始 PSD 和含水率对剪切特性的影响展开描述和讨论。

剪切面附近区域的颗粒粒径分布曲线如图 5.4、图 5.5 所示。原颗粒粒径分布也绘于其中作为对比。整体而言，对于给定的颗粒组，曲线会随着法向应力的增大而向上移动，这与众多学者得到的结果相一致。但不同初始 PSD 和含水率对颗粒破碎影响并不相同。

5.2.1 不同初始颗粒粒径对颗粒破碎的影响

考虑到 PSD 的影响，T2 中粒径大于 0.25mm 的颗粒粒组明显减少，0.050～0.075mm 的粒径含量显著增多；T3 的曲线形态与 T2 类似，其颗粒破碎主要发生在粒径大于 0.075mm 的颗粒粒组，0.050～0.075mm 的粒径含量也明显增多。本书采用相对颗粒破碎势度量三种粒径分布作用下的颗粒破碎程度（图 5.6），可以看出，在各级应力下，T1 的颗粒破碎程度最大，而 T3 的颗粒破碎程度最小。这与试样中最大

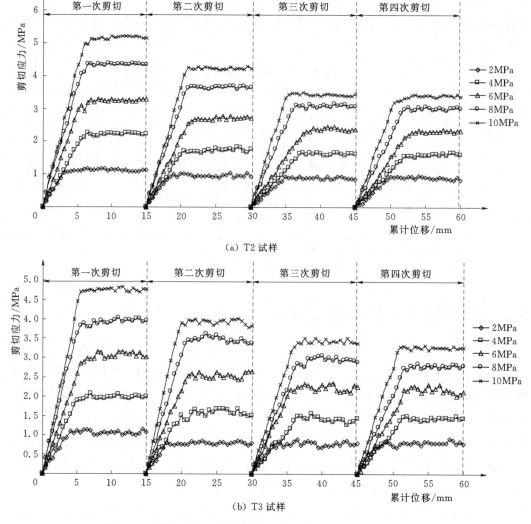

（a）T2 试样

（b）T3 试样

图 5.2　不同初始粒径分布条件下累积位移与剪切应力关系曲线

粒径和大于 0.075mm 粒径的颗粒含量有关。Hardin B O 认为，粒径小于 0.074mm 的颗粒很难进一步破碎；随着颗粒粒径的增大，不仅颗粒本身缺陷增多，且颗粒与颗粒之间的接触力也会增大，在颗粒接触的棱角处更易产生应力集中，从而导致颗粒破碎增大。

5.2.2　不同含水率对颗粒破碎的影响

考虑到含水率的影响，T1W、T1D 在剪切后的颗粒粒径分布曲线具有明显的区别。更进一步地分析发现，相对较大的颗粒（以 $500\mu m$ 为例），如图 5.7 所示。在试样含水率高的情况下易于破碎，而相对较小颗粒（以 $2\mu m$ 为例）的含量会随

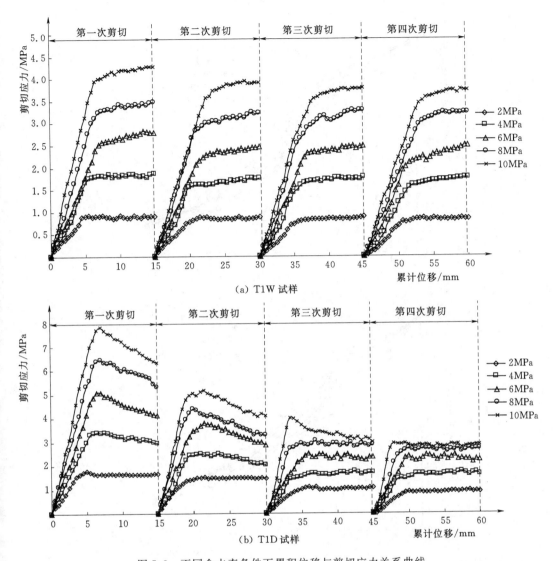

图 5.3 不同含水率条件下累积位移与剪切应力关系曲线

着试样含水率的降低而增高。Miura N 等针对砂土在不同含水率的颗粒破碎情况得到了相似的结论。由此可见，不同含水率下颗粒破碎机制明显不同，即大颗粒的天然微裂隙或缺陷较多，在高含水率即比较湿润的条件下，水分易侵入到裂隙中，在水的润滑作用下，较大颗粒更容易破裂；在低含水率即比较干燥的条件下，剪切应力较大，带有棱角的颗粒在翻滚、滑移中易掉角、磨圆产生较细颗粒，部分颗粒在挤压碰撞中超过颗粒自身拉应力，产生了更多的细小颗粒。根据 Guyon E 等对颗粒破碎机制的划分，前者的颗粒破碎机制主要是破裂和摩擦而后者主要是磨损。

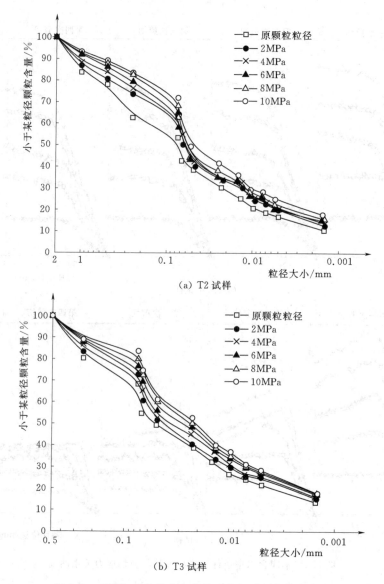

（a）T2 试样

（b）T3 试样

图 5.4　不同初始粒径分布条件下剪切面颗粒粒径曲线

5.2.3　不同初始颗粒粒径对剪切强度特性的影响

图 5.2 中 T2 试样的累计位移-剪切应力关系曲线，可以看出，在每次剪切过程中，试样并无明显的峰值；T3 试样的试验曲线形态与 T2 类似。可以看出，即使 T1、T2 和 T3 属于 3 种不同类型的泥化夹层，但在相同含水率条件（7%）下，试验曲线形式均呈现为理想塑性模型曲线。三者的较粗颗粒含量（d_{60} 分别为 0.455mm、0.200mm、0.072 mm）差别比较明显，但随着颗粒粒径的减小，细粒含量逐渐接近，

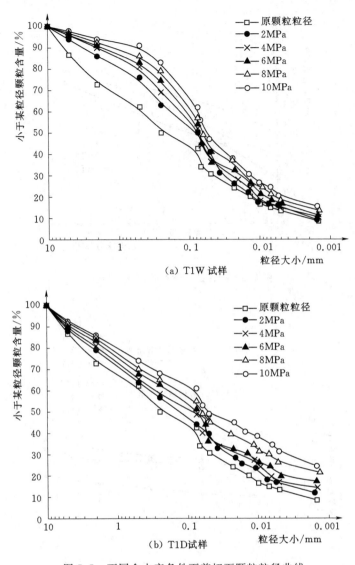

图 5.5 不同含水率条件下剪切面颗粒粒径曲线

说明试样的剪切曲线形态主要取决于细粒含量和性质；但较粗颗粒含量也会影响抗剪强度。图 5.8 中 T1 的黏聚力 c 和内摩擦角 φ_p 最大，而 T3 的 c 和 φ_p 最小。当颗粒粒径变粗即 d_{60} 增大时，c 不仅来源于颗粒之间的黏聚效应，较粗颗粒的存在也为 c 提供了一定的咬合力。此外，在高应力下试样高度压实，较粗颗粒会与更多的颗粒接触，进一步提高了 φ_p 值。从整体而言，初始 PSD 条件的差别仅对峰值抗剪强度产生一定的影响：c 最大差值为 34kPa，φ_p 最大差值为 4.35°，且对剪切曲线形态影响不大。这与郭庆国的观点相一致：只有试样颗粒粒径大于 5mm 且含量超过 30% 时才对试验剪切特性有显著影响。

从图 5.9 可以看出，T1、T2 和 T3 在各级法向应力下的残余剪切强度差别不大，

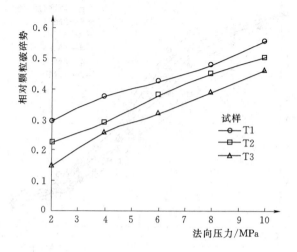

图 5.6　三种试样颗粒破碎变化程度

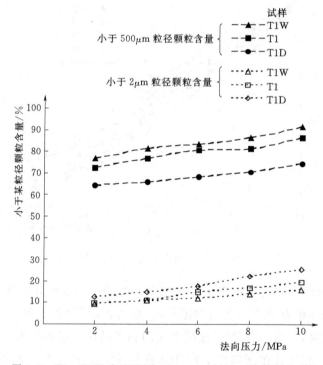

图 5.7　T1、T1W 和 T1D 小于 $500\mu m$ 和 $2\mu m$ 粒径颗粒含量

随着法向应力的增高，三者的残余强度趋于一致，但 T3 的残余强度在各级应力下均为最小；此外，T1 的非线性程度最高而 T3 的非线性程度最低。Mersi G 等发现，试样的残余强度与黏粒（小于 $2\mu m$）含量 CF 密切相关，而在本书试验中，在高剪切力作用下发生了颗粒破碎，导致试验前后的 CF 发生了变化，从而影响其残余强度。

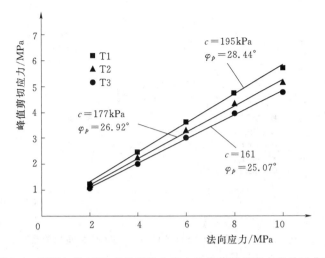

图 5.8　不同初始 PSD 条件下法向应力和峰值剪切应力的关系曲线

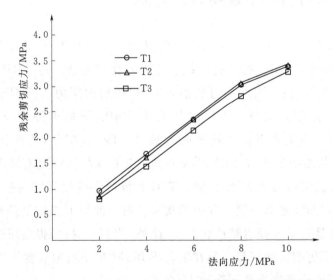

图 5.9　不同 PSD 条件下法向应力和残余剪切应力的关系曲线

图 5.10 是各级压力下 CF 与 φ_r 之间的关系。可以看出，φ_r 随着 CF 的升高而几乎线性减小。因此，由于 T1、T2 和 T3 初始 CF（分别为 9.13%、11.51% 和 14.69%）并不一致，在较低法向应力（如 2MPa）作用下颗粒破碎程度较小，CF 依然有差别，导致 φ_r 差别相对较大。但随着法向应力的提高，颗粒破碎程度增大，T1、T2 和 T3 的 CF 逐渐增多且逐渐接近，以 10MPa 为例，三者的 CF 均在 19% 左右，φ_r 值均在 18°左右。此外，T1 在不同法向应力下的 CF 变化最大，而 T3 最小：与原粒径含量相比，10MPa 下 T1 增长 115.2%，T3 仅增长 31.7%，导致 T1 的 φ_r 变化最大而 T3 最小，从而造成 T1 的非线性程度最高。

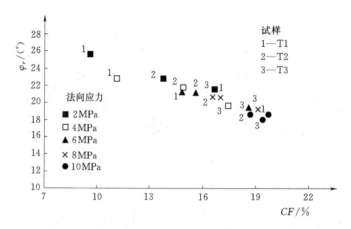

图 5.10　不同初始 PSD 条件下 φ_r 和 CF 之间的关系

5.2.4　含水率对剪切强度特性的影响

图 5.3 中 T1W（$w=10\%$）在五级法向应力（2～10MPa）经过四次推剪后所得到试验曲线可以看出，T1W 的试验曲线呈应变硬化型曲线（除 2MPa 法向压力下呈理想塑性模型曲线），在四次剪切过程后，T1W 在法向压力为 2MPa 下降了 2.2%，与第一次抗剪强度几乎相同；在法向压力为 8MPa 下抗剪强度下降已较为明显（7.2%），随着法向压力的升高，抗剪强度最高下降 12.6%（法向压力为 10MPa）。T1D（$w=3\%$）的曲线形态与 T1W 明显不同，其首次抗剪强度有较明显的峰值强度且高于 T1W：以法向压力 10MPa 为例，T1D 的抗剪强度比 T1W 高 3.53MPa；但随剪切次数的增多，曲线逐渐平缓，在第四次剪切时，曲线形态均呈理想塑性（法向压力 10MPa 下曲线最迟呈现理想塑性状态）。此外，T1D 的抗剪强度下降较为明显：与峰值强度相比，经历四次剪切后，其在法向压力 2MPa 下抗剪强度下降 49.4%，在法向压力 10MPa 下抗剪强度最高下降 63.4%。

含水率与颗粒之间的吸力大小密切相关，含水率越大则吸力越小。吸力主要来源于微孔的半月板结构。在第一次剪切过程中，低含水率试样（T1D）在较高吸力作用下产生了较大的峰值强度，但剪切面形成后，上下剪切面变为不连续面，半月板结构被破坏，由于颗粒较干燥，半月板结构很难恢复，吸力不再对剪切强度有所贡献，造成了强度的迅速下降，使曲线在每次初始剪切过程中呈应变软化型；高含水率试样（T1W）中有较充足的水分使颗粒重新黏结，但颗粒黏性并不大（$I_p=10.1$），在剪切过程中可能仅有部分半月板结构恢复，使曲线呈应变硬化型。此外，由于颗粒破碎的影响，T1D 在剪切后 CF 要比 T1W（图 5.7）高，CF 增多加剧了颗粒的定向排列，造成了 T1D 的抗剪强度下降较为明显。

图 5.11 是三种含水率条件下（3%、7%和 10%）试样的峰值强度包线。从图中可以看出，峰值强度受含水率变化影响很大，c 和 φ_p 均随含水率的增加而提高，这与凌华等通过常含水率（$w = 17.2\% \sim 26.7\%$）三轴试验和申春妮等通过控制含水率（$w = 9\% \sim 19.52\%$）直剪试验得到的研究成果相一致。

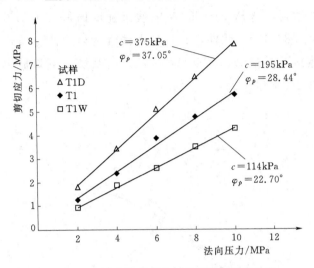

图 5.11 不同含水率条件下峰值剪切强度包线

c 和 φ_p 随含水率的变化曲线如图 5.12 所示，可以看出，c 和 φ_p 随含水率的增大而线性减小。根据 Mohr – Coulomb 强度理论，可以得到用含水率表示的强度公式：

$$\tau_f = (A - w\tan B) + \sigma\tan(C - w\tan D) \tag{5-1}$$

式中 τ_f——抗剪强度，MPa；

A、B、C、D——试验参数，对于本试样，$A = 479.35\text{kPa}$，$B = 88.53°$，$C = 43.34°$，

                    $D = 63.96°$。

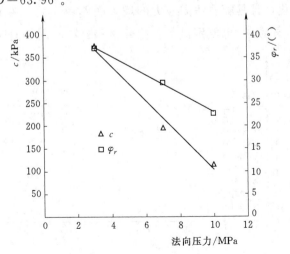

图 5.12 c 和 φ_r 随含水率变化曲线

图 5.13 为不同含水率条件下残余剪切强度曲线，图中残余强度随法向压力的增大而呈非线性增加，参考文献［24］总结了针对泥化夹层的强度试验结果，也得到了相似的趋势。考虑到含水率的影响，在法向应力 4MPa 以下，T1W、T1 和 T1D 三者残余强度值几乎相同（0.9MPa 左右）；6MPa 下 T1D 残余强度值已明显低于 T1 和 T1W；当法向应力达到 10MPa 时，T1W 的残余强度值最大达 3.74MPa，而 T1D 的残余强度值最小为 2.86MPa。此外，T1D 的非线性程度最高。随着法向应力的增高，T1D 的残余内摩擦角下降最大，而 T1W 的残余内摩擦角下降最小，与 2MPa 相比，10MPa 下分别降低 11.3°和 3.48°。

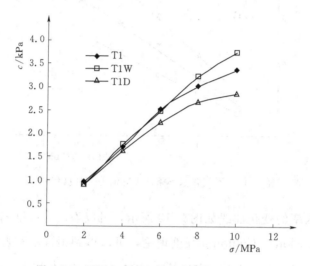

图 5.13 不同含水率条件下残余剪切强度曲线

图 5.14 是不同含水率条件下 φ_r 与 CF 之间的关系，与图 5.10 的规律类似，φ_r 随着 CF 升高而几乎呈线性减小。三者初始 CF 一致均为 9.13%，但在颗粒破碎的影响下 CF 发生了较大的变化，且其随着法向应力的增大而差距变大。在 10MPa 下，三者 CF 差别最大达 9.27%，导致 φ_r 也差别最大。此外，T1D 在不同法向应力下的 CF 变化最

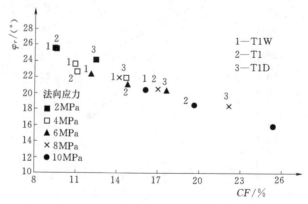

图 5.14 不同含水率条件下 φ_r 和 CF 之间的关系

大，而 T1W 最小：与原粒径含量相比，10MPa 下 T1D 增长 177.9%，T1W 仅增长 76.3%，导致 T1D 的 φ_r 变化最大，而 T1W 最小，从而造成 T1D 的非线性程度最高。

5.2.5 残余强度预测

残余强度是层间错动带的重要特性。可以看出，残余强度与试样的 CF 关系很大，但由于颗粒破碎，CF 在不同法向应力 σ_n、不同初始 PSD（d_{60}）、不同含水率 w 条件下变化较大。针对以上三个因素，采用多元线性回归方法对（样数 $n=25$）试验结果进行分析，可得

$$CF=18.66+0.95\sigma_n-7.73d_{60}-0.89w \qquad (5-2)$$

设显著性水平 $\alpha=0.05$，统计量 $|t_{0.05}(\sigma_n)|=3.92$，$|t_{0.05}(d_{60})|=8.49$，$|t_{0.05}(w)|=6.09$，均大于 $t_{0.05}(21)=2.08$，可认为这三个回归系数在统计上显著。此外，式（5-2）的 F 值为 39.87，$F_{0.05}(3,21)=3.07$，显然式（5-2）F 值大于 $F_{0.05}(3,21)$。因此，式（5-2）建立的线性回归模型有效。从式（5-2）可以看出，CF 随着 σ_n 的增高而增大，而随着 d_{60} 和 w 的增大而减小。

尽管本次试验的试样（T1、T2 和 T3）PSD 不同、试样（T1W、T1 和 T1D）含水率不同，但综合图 5.10 和图 5.14 上的数据（图 5.15），可以发现 φ_r 与试样最终的 CF 呈线性关系，可表示为

$$\varphi_r=-0.59CF+30.47° \qquad (5-3)$$

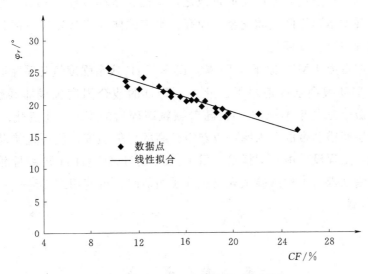

图 5.15　φ_r 和 CF 之间的关系曲线图

将式（5-2）代入式（5-3），可得

$$\varphi_r=-0.59(18.66+0.95\sigma_n-7.73d_{60}-0.89w)+30.47° \qquad (5-4)$$

由于本次试验是模拟现场条件而得到的结果，当实际工程中的层间错动带与本次试验试样物理性质相似，获得其现场条件下的 σ_n、d_{60} 和 w 后，可以采用式（5-4）作为试验条件范围内（2MPa$\leqslant\sigma_n\leqslant$10MPa，0.072mm$\leqslant d_{60}\leqslant$0.455mm 和 3%$\leqslant w\leqslant$10%）$\varphi_r$ 的初步预测。

5.3　小结

（1）采用 B_r 量化 T1、T2 和 T3 的颗粒破碎程度，发现粗颗粒越多，颗粒破碎程度越大。随着颗粒粒径的增大，不仅颗粒本身缺陷增多，且颗粒之间的接触力也会增大，在颗粒接触的棱角处更易产生应力集中，从而导致颗粒破碎增大。不同含水率下颗粒破碎机制不同。较干颗粒（T1D）由于磨损产生了更多的细小颗粒而较湿（T1W），由于破裂和摩擦产生了较大颗粒。

（2）T1、T2 和 T3 的试验曲线形态主要由细颗粒控制，均呈理想塑性模型曲线。三者相比，峰值强度差别并不大；但 T1 的残余强度包线的非线性程度最高，这主要与颗粒破碎有关。颗粒破碎造成了试样 CF 的改变，φ_r 会随着 CF 线性变化。

（3）含水率对试验结果影响较大。含水率较高试样（T1W）试验曲线基本为应变硬化型，而含水率较低试样（T1W）呈应变软化型；且含水率越低，峰值强度越高，c 和 φ_p 随含水率线性变化。这主要受吸力（半月板结构）的影响，吸力的存在提高了低含水率试样的剪切强度，但剪切面形成之后，低含水率试样（T1D）的半月板结构破坏较严重，强度迅速下降呈软化型；而高含水率试样（T1W）有一部分颗粒重新黏结，在剪切过程中呈应变硬化。

（4）在法向压力 4 MPa 以下，T1W、T1 和 T1D 残余强度值几乎相同；随着法向应力的增高，T1D 残余强度值最低。此外，T1D 的残余强度包线非线性程度最高。同样的，颗粒破碎是其根本原因：φ_r 随着颗粒破碎后的 CF 线性变化。在实际工程中，虽然降低层间错动带的含水率可以获得较高的峰值强度，但一旦错动后，其残余强度可能最低，工程设计中应同样给予重视。φ_r 仅与试验后的 CF 线性相关，当实际工程中的层间错动带与本次试验试样物理性质相似时，可使用式（5-4）对层间错动带 φ_r 做初步预测。

参　考　文　献

[1]　张咸恭，聂德新，韩文峰. 围压效应与软弱夹层泥化的可能性分析 [J]. 地质评论，

1990，30（2）：160－167.

[2] 符文熹，聂德新，尚岳全，等. 地应力作用下软弱层带的工程特性研究［J］. 岩土工程学报，2002，24（5）：584－587.

[3] AbouzarSadrekarimi, Scott M Olson. Particle damage observed in ring shear tests on sands ［J］. Canadian Geotechnical Journal，2010，47（5）：497－515.

[4] Bolton M D, Nakata Y, Cheng Y P. Micro－and－macro－mechanical behavior of DEM crushable materials ［J］. Géotechnique，2008，58（6）：471－480.

[5] 肖树芳，K. 阿基诺夫. 泥化夹层的组构及强度蠕变特性 ［M］. 长春：吉林科学技术出版社，1991.

[6] 中华人民共和国水利部. GB/T 50145—2007 土的工程分类标准 ［S］. 北京：中国计划出版社，2008.

[7] Tinjum J M, Benson C H, Blotz L R. Soil water characteristic curve of compacted clays ［J］. Journal of Geotechnical and Geoenvironmental Engineering，1997，123（11）：1060－1069.

[8] Haines W B. The volume changes associated with variations of water content in soil ［J］. Journal of Agriculture Science，1923（13）：296－310.

[9] 赵阳，周辉，冯夏庭，等. 高压力下层间错动带残余强度特性和颗粒破碎试验研究 ［J］. 岩土力学，2012，11（33）：3305－3329.

[10] 闵弘，刘小丽，魏进兵，等. 现场室内两用大型直剪仪研制（Ⅰ）：结构设计 ［J］. 岩土力学，2006，26（1）：168－172.

[11] Skempton A W. Long－term stability of clay slopes ［J］. Géotechnique，1964，14（2）：75－102.

[12] Fukumoto T. Particle breakage characteristics of granular material ［J］. Soils and Foundations，1992，32（1）：26－40.

[13] Lade P V, Yamamuro J A. Significance of particle crushing in granular materials ［J］. Journal of Geotechnical Engineering，1996，122（4）：309－316.

[14] Hardin B O. Crushing of soil particles ［J］. Journal of Geotechnical Engineering，1985，111（10）：1177－1192.

[15] 王光进，杨春和，张超，等. 粗粒含量对散体岩土颗粒破碎及强度特性试验研究 ［J］. 岩土力学，2009，30（12）：3649－3654.

[16] Miura N, Yamanouchi T. Effect of pore water on the behavior of a sand under high pressures ［J］. Technology Reports of the Yamaguchi University，1974，1（3）：409－417.

[17] Guyon E, Troadec J P Du. Sac de billes au tas de sable ［M］. Paris：Odile Jacob Sciences，1994.

[18] 陈希哲. 粗粒土的强度与咬合力的试验研究 ［J］. 工程力学，1994，11（4）：56－63.

[19] 郭庆国. 粗粒土的工程特性及应用 ［M］. 郑州：黄河水利出版社，1998.

[20] Mesri G, Cepeda – Diaz A F. Residual shear strength of clays and shales [J]. Géotechnique, 1986, 36 (2): 269 – 274.

[21] Vaunat J, Amador C, Romero E, Djéran, Maigre D. Residual strength of low plasticity clay at high suctions [C]. Proceedings of the 4th International Conference on Unsaturated Soils, Carefree, Arizona, USA, 2006.

[22] 凌华, 殷宗泽, 蔡正银. 非饱和土的应力-含水率-应变关系试验研究 [J]. 岩土力学, 2008, 29 (3): 651 – 655.

[23] 申春妮, 方祥位, 王和文, 等. 吸力、含水率和干密度对重塑非饱和土抗剪强度影响研究 [J]. 岩土力学, 2009, 30 (5): 1347 – 1351.

[24] 龚壁卫, 郭熙灵. 泥化夹层残余强度的非线性问题探讨 [J]. 大坝观测与土工测试, 1997, 21 (5): 38 – 40.

[25] 王顺, 项伟, 崔德山, 杨金, 黄旋. 不同环剪方式下滑带土残余强度试验研究 [J]. 岩土力学, 2012, 33 (10): 2967 – 2972.

第 6 章

初始物理性质对层间错动带
非饱和特性影响

6.1 基本理论

层间错动带中的含水率易受地下水位、通风条件和工程措施的影响，根据其工程地质性质，其往往处于非饱和状态下，故层间错动带的水力学特性是影响围岩稳定性的一项重要因素。

6.1.1 吸力理论

早在 20 世纪初期的土体物理学中，已提及土体的吸力理论，在土体未达饱和前，其吸力作用为土体力学机制的一项重要因素。土体在未饱和状态的过程中，由于毛细作用、吸附和孔隙水中溶质的渗透作用对土体产生的影响，构成了未饱和土体的吸力。土体吸力与其含水量有绝对的关系，一般称之为总吸力，其主要包含基质吸力和渗透吸力。

1. 基质吸力

土体颗粒中，孔隙空气压力与孔隙水压力之差称为基质吸力。随着土体饱和度增加，其随之降低；当土体完全饱和时，基质吸力等于零。基质吸力即是水和土体颗粒的间的吸引力，主要由于颗粒对水的吸附作用及颗粒孔隙间的毛细作用所引起。因此，基质吸力与土体内部孔隙大小、土体颗粒表面质地及形状有关。

2. 渗透吸力

由于溶解于水中的物质与离子被水的吸引力影响而降低了自由能，会造成纯水往高浓度溶质处移动的现象，这种移动力称为渗透吸力。而渗透吸力大小取决于孔隙水中盐分的含量。因此，依据上述定义，可将总吸力 ψ 表示为

$$\psi = (u_a - u_w) + \pi \tag{6-1}$$

式中　$u_a - u_w$——基质吸力；

u_a——孔隙气压；

u_w——孔隙水压；

π——渗透吸力。

渗透吸力的大小取决于孔隙水中含盐量的多少，其变化与基质吸力的变化相比小得多，且总吸力曲线与基质吸力曲线相当接近，故一般情况下，许多工程问题可用基

质吸力变化代替总吸力的变化。

　　一般不饱和土体在多数工程问题中，可以用基质吸力代替总吸力，在不饱和土体力学中也只讨论基质吸力与应力的关系，因此需进一步讨论基质吸力的成因。基质吸力是孔隙中孔隙水压与孔隙空气压力的差，因此它与土体中的水及空气的交界面有关。在这个交界面上基质吸力受土体结构、毛细作用、表面张力的影响而产生变化。假设土体的孔隙是一个未装满水的容器，如图 6.1 所示，水中分子 A 在液体的内部，分子受水中四面八方的拉力所以分子保持平衡；再看液面上的分子 B，分子的一部分在空气面，一部分在液体面，两部分接触的是不同的介质，所以产生不同的牵引力。也就是说高密度的液相牵引力大于低密度的气相牵引力，于是会有朝向液体内部的合力（例：当水珠在空中时，由于朝向内部中心的力使水珠成为球形）。

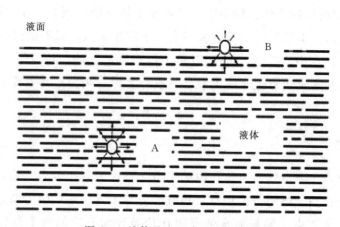

图 6.1　液体及液面分子的凝聚力

　　而液面上水分子间也有互相吸引力的产生，这种现象即是所谓的表面张力。当液体与气体的密度不同时，界面就会产生压力差，使界面形成凸面或凹面，除非液体压力等于大气压力，界面才会呈现为平面。表面张力也可用以说明毛细现象，假设一根细管浸入水中，因为亲水性关系界面形成一个凹面，如果管径越小，曲面的曲率就越大，这时液体的压力将小于管外的大气压力，这时细管的水面就会上升，直到管内的水柱高度压力与管外的水压力平衡为止。

　　土体中特别在黏土团，土体孔隙是非常小的，形成一个微小的毛细管，孔隙水和土体的接触面成为锐角，液-气的界面会形成一个向内凹的曲面，气相的压力是大气压力，液相的压力是孔隙水压力，而两者的压力差就是基质吸力。另外黏土具有吸附作用，黏土的表面会形成一水合层，孔隙水与吸附水会受土体孔隙、形状及表面性质的影响，而基质吸力受孔隙水及吸附水的控制。吸附水与孔隙水所形成的薄膜以及凹凸面的存在，对黏土在高张力时极为重要，且受电双层及所含交换性阳离子影响，但对于砂土，吸附作用则较不重要。因此，基质吸力因地下水位面水分沿着土体孔隙上升的毛细管作用，以及土体间孔隙水所形成的凹凸面和土体的吸附作用所造成。不论是黏土或砂土还是黏土混合砂土，土体颗粒间一定会有相当多的小孔隙，土体颗粒与孔隙组合就是土体结构。而土体结构与吸力的关系可以由一个空气气泡应力平衡图来解释，如图 6.2 所示，气泡的半径为 r，气泡的平衡应力表达式为

$$\pi r^2 u_w = \pi r^2 u_a - 2\pi r q \tag{6-2}$$

式中 q——表面张力 $74 \times 10^{-6} \text{kg/cm}$ 在 20℃。

经过整理可得

$$u_a - u_w = \frac{2q}{r} \tag{6-3}$$

$u_a - u_w$ 表示基质吸力，气泡的半径为变数。不饱和土体中土体颗粒与气相间具有收缩膜间隔形成气泡，在不饱和土体中土体颗粒与收缩膜接触，如图 6.3 所示，当孔隙的收缩膜曲率半径越小吸力就越大，随着基质吸力越低，曲率半径会趋向无限大，基质吸力增加则曲率半径反之。简单地说，如果一样的水压差，压入两个半径不同的气泡，小半径气泡会产生较大的表面张力。

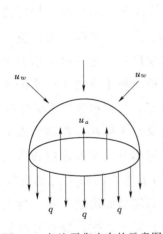

图 6.2   气泡平衡应力的示意图

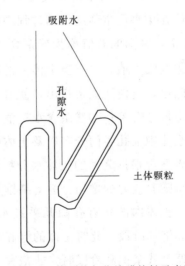

图 6.3   土体颗粒与收缩膜接触示意图

6.1.2   土水特征曲线

基质吸力是影响不饱和土体行为的关键因素，在不同颗粒成分、土体结构、孔隙大小与形态等因素影响下，土体的保水能力会随着基质吸力大小而改变。为得到饱和度与吸力间的关系，一般使用压力板试验来量测含水量与基质吸力的关系曲线，即土

水特征曲线。典型土水特征曲线如图 6.4 所示。其中，脱附曲线系指土体中水分随着基质吸力增加而排出土体的过程；吸附曲线则为基质吸力下降后土体吸水的过程。

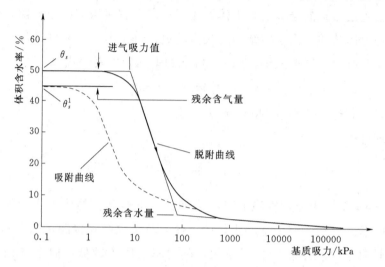

图 6.4 典型土水特征曲线示意图

在图 6.4 中，θ_s 为土体在大气压力下饱和时的体积含水比，θ_r 为残余体积含水比。由于土体在排水后重新湿润的过程中，会有空气残留于土体中，故最后体积含水比 θ_s' 会小于 θ_s，其间的差值称为残余含气量。土水特征曲线上有两个特征值具有重要意义：①进气吸力值，只有当土体内的吸力 $u_a - u_w$ 大于进气吸力值，空气才能进入土体的孔隙中，迫使孔隙水排出，使得土体的含水量降低，进气吸力值的大小与土体最大的孔隙尺寸有关；②残余含水量值，此值是反应土体中含有最少水的数量，残余含水量与土体中细孔隙的分布以及土体中的矿物成分、孔隙水的化学成分有关。

Sillers W S 等根据完整的土体水分特性曲线，定义出土体在未饱和状态下，土体的组成结构将随着吸力的增加分为毛细饱和阶段、非饱和阶段及残余饱和阶段。在毛细饱和阶段，土体内的所有孔隙几乎被水所填满，当土体中的吸力达到空气进气值时，则进入非饱和阶段，此时土体的饱和度随着吸力的增加而迅速下降。当土体的饱和度继续降低至残余饱和阶段时，非饱和土体中的液相呈不连续，故不易再从土体中移除水分。测量土水特性曲线的试验方法，一般常用的为基质吸力控制范围小于1500kPa 的压力板试验，搭配基质吸力控制范围大 1500kPa 的盐溶液法及滤纸法。

在应用 WRC 时，只有把试验散点变成连续的函数，才能将 WRC 应用到相关的计算中，因此人们通过不同的方法，获得了各类 WRC 模型（如经验模型、分形模型、物理模型、转换模型等）。表 6.1 给出了常见的 WRC 模型。在这些模型中，序号1的模型最为简单，模型中的参数也具有明确的物理意义，而序号2、3模型的拟合效果最好，因此这三个模型是非饱和土力学中最常用的模型。

表 6.1 常 用 的 WRC 模 型

序号	方程表达式	参 数
1	$S=1$ 当 $\psi<\psi_a$ $S=\left(\dfrac{\psi_a}{\psi}\right)^{\lambda}$ 当 $\psi\geqslant\psi_a$	λ,ψ_a
2	$S=S_r+\dfrac{(1-S_r)}{[1+(\alpha\psi)^n]^m}$	p,q,α
3	$S=S_r+\dfrac{(1-S_r)}{\left[\ln\left(e+\left(\dfrac{\psi}{a}\right)^m\right)\right]^n}$	a,m,n 和 S_r

注 ψ 为吸力，S_r 为饱和度，ψ_a 为进气值，其他符号为各模型的拟合参数。

6.2 滤纸法测定基质吸力

滤纸法现在已被多数学者接受，主要用于测量不饱和土的总吸力及基质吸力，不论是现场采样或重塑试样，滤纸法都能准确地测量吸力，且量测范围大（10kPa～100MPa）几乎已经包含各种不饱和土的吸力范围，与其他测量吸力的方法比较，可以确定滤纸法有其一定的实用性、准确性及经济性，使滤纸法成为测量吸力公认的方法之一。

6.2.1 滤纸法理论背景

封闭的环境里面存在部分液体，液体内部的分子不断碰撞，当有一个分子吸收了动能，使得分子由液相转为气相，即为蒸发；此时气相部分的分子也不断碰撞，当撞击到液面时液体会吸收分子转为液相，也就是凝结。蒸发及凝结现象都影响液体的浓度。空气中的水蒸气会产生气压，称之为蒸气压。空气越潮湿，水分含量越大，蒸气压越大。在一定温度下空气中的水蒸气增加到了极限则称为达到饱和。饱和状态下空气无法再吸收水分，此时空气中的水蒸气压力称为饱和蒸气压。在空气尚未到达饱和时，所存在的蒸气压与当时温度的饱和蒸气压，两者比值通称为相对湿度，且必不大于 100%。相对湿度越高，空气中水蒸气越多，越潮湿。相反地，相对湿度越低，空气中水蒸气越少，空气越干燥。总吸力描述土体中孔隙水的自由能量状态，并可借由土体-水蒸气分压量得。总吸力与蒸汽分压的关系可用 Kelvin 公式表示，即

$$\psi=\frac{RT}{V}\ln\left(\frac{p}{p_0}\right) \tag{6-4}$$

式中 ψ——总吸力，kPa；

R——理想气体常数，$8.31432\mathrm{J}\ \mathrm{mol}^{-1}\mathrm{K}^{-1}$；

T——绝对温度，K；

V——水的摩尔体积，$18.016\mathrm{m}^3/\mathrm{Mkmol}$；

$\dfrac{p}{p_0}$——相对湿度，RH，%；

p——溶液所造成之蒸汽分压，kPa；

p_0——相同温度状态下，纯水的饱和蒸汽压，kPa。

6.2.2　滤纸法校正法

一般建立滤纸校正曲线的方法为调配不同浓度的含盐溶液，借以测量密闭系统中含盐溶液上滤纸的重量以建立校正曲线，其原理为密闭系统溶液中的水分子因受到溶质的影响，水分子的活动力会减弱，进而改变溶液的蒸汽压，依据式（6-4）总吸力亦随之改变。因此，可借由改变密闭容器内溶液的浓度，而制造出一特定总吸力的环境，并利用滤纸吸水的特性，当密闭容器内滤纸含水量与蒸汽压达到平衡状态时，即滤纸含水量不再有变化，因此，可求得滤纸在特定含水量下所对应的总吸力。滤纸法理论依据是基于热力学的观念，即在固定温度下，溶液的蒸汽压会受到溶质的影响而产生改变，而溶液的蒸汽压可由拉乌尔定律计算求出，即

$$p_A = p_A^0 X_A \tag{6-5}$$

式中　p_A^0——纯水饱和蒸汽压；

X_A——溶液中溶剂的摩尔分率；

p_A——溶液蒸汽压。

由式（6-5）可知随溶剂摩尔分率的提升，蒸汽压会随之增加，而当溶剂摩尔分率为 1 时，即为纯水的饱和蒸汽压。溶剂摩尔分率的表达式为

$$X_A = \frac{溶剂莫尔数}{溶剂莫尔数 + 溶质莫尔数} \tag{6-6}$$

以往，吸力在工程上的表示式为

$$pF = \log_{10}|(suction)| \tag{6-7}$$

现已采用 SI 取代 pF。本书以 NaCl 溶液作为校正滤纸的盐溶液，所使用滤纸为 Whatman No.42 开展相关研究。

建立校正曲线的前置作业分别调配摩尔浓度 0~2.7 的溶液，并依据式（6-5）~式（6-7）计算出对应摩尔浓度下的总吸力，计算完成后建立滤纸的校正曲线。常温下不同浓度 NaCl 溶液对应的总吸力见表 6.2。

表 6.2 常温下不同浓度 NaCl 溶液对应的总吸力

NaCl 质量 摩尔浓度	吸力/cm	吸力/pF	吸力/kPa	NaCl 含量 (g/1000mL 蒸馏水)
0.000	0	0.00	0	0
0.003	153	2.18	15	0.1753
0.00	347	2.54	34	0.4091
0.010	490	2.69	48	0.5844
0.050	2.386	3.38	234	2.9221
0.100	4711	3.67	462	5.8443
0.300	13951	4.14	1368	17.5328
0.500	23261	4.37	2281	29.2214
0.700	32735	4.52	3210	40.9099
0.900	42403	4.63	4158	52.5985
1.100	52284	4.72	5127	64.2871
1.300	62401	4.80	6119	75.9756
1.500	72751	4.86	7.134	87.6642
1.700	83316	4.92	8.170	99.3528
1.900	94228	4.97	9.240	111.0413
2.100	105395	5.02	10335	122.7299
2.300	116857	5.07	11459	134.4184
2.500	128625	5.11	12613	146.1070
2.700	140699	5.15	13797	157.7956

（1）在校正前先将有盖的玻璃瓶以蒸馏水清洗过，再经由 100℃烘箱烘干冷却。

（2）滤纸使用前应在 110℃条件下烘干约 16h。

（3）依表 6.2 顺序调配出不同浓度的 NaCl 溶液，把调配好的盐溶液倒入玻璃瓶 1/2 高度处，置入塑料环，从烘箱内拿出滤纸放置在塑料环上后将玻璃瓶盖封好。此动作需在数秒内完成，因大气间有一定的湿度，烘干的滤纸在大气中放置越久所吸收大气水分越多，易导致实验数据的误差。

（4）玻璃瓶盖锁紧后，用绝缘的电工胶带将罐口缠绕封紧，以防罐内蒸气外漏影响蒸气压；将玻璃瓶放入塑料盒中，再将塑料盒置于在恒温保温箱中，以达到恒温恒湿状态（图 6.5）。本试验控制温度维持在 24.5～25℃，经过 7～14d 的平衡后。滤纸含水量会与溶液所产生的蒸汽分压达成平衡。平衡结束后利用有效位数达万分之一克的电子秤（图 6.6），测滤纸含水量，并根据表 6.2 建立滤纸和不同含水量下对应的总吸力关系。

滤定后的曲线方程为

$$\lg\Psi=5.327-0.0799ww\geqslant45.3$$
$$\lg\Psi=2.412-0.0135ww<45.3$$

(6-8)

式中　Ψ——吸力，kPa；

　　　w——含水率。

图 6.5　恒温恒湿箱图

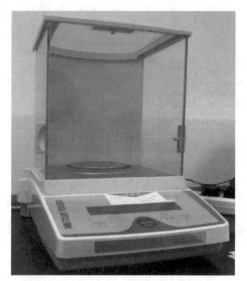

图 6.6　电子秤

6.2.3　滤纸法测量吸力步骤

试验温度变化应控制在 0.5℃ 以内，测量土样基质吸力，全程配带手术专用手套及试验用金属钳子夹取滤纸。具体步骤如下：

（1）将放置于养护室的试样在密封袋中封好后置于塑料盒盒中静置 2d，测量其含水量。

（2）将测量用滤纸取出，以 100～110℃ 烘箱中烘干经过 24h 确定滤纸完全干燥，试验需在 2d 内进行，以防止滤纸烘烤变质。

（3）试样基本上要尽量占满玻璃罐的 70% 以上，如图 6.7、图 6.8 所示以确保试验的均匀性及缩短平衡所需时间。

（4）在两张滤纸中间，夹入一张烘干后且较小的滤纸后，将滤纸置于两个相同的试样中间，以电工胶带缠绕其两试样接合处。

（5）将试样放入玻璃罐中，拧紧瓶盖并用电工胶带密封，再将玻璃罐放入恒温恒湿的环境，待 7～14d 以达吸力平衡。

（6）待吸力平衡过程结束后，先测量不锈钢滤纸盒的气干重，其有效精度需达

0.0001g，记为冷重。其后取出玻璃罐用金属钳子夹取滤纸，迅速将其置入不锈钢罐并盖上盖子后称重，此过程需在 5s 内完成，再将滤纸盒置于 100～110℃烘箱中。

（7）约 24h 后测量滤纸加滤纸盒的烘干重，重复测量 3 次，每次间隔 0.5h 以上，之后取出滤纸测量滤纸盒空罐的烘干重。

（8）精确测量滤纸含水量，然后透过滤纸校正曲线图，计算出试样的基质吸力。

图 6.7 层间错动带试样制备　　　　　图 6.8 试样

6.3 非饱和层间错动带细观及吸力特征

层间错动带本质上是非均匀的：①颗粒粒径分布（GSD）存在较大差异，即使在同一层填充的接缝土壤中也可能存在很大的差异；②由于上层覆盖层较高，孔隙率普遍较小，孔隙率为 0.3～0.67 不等。当层间错动带涉及发电站项目时，在主要施工阶段之前，通常会设置防渗墙来限制水流。在这种情况下，为了进一步分析层间错动带的水力和力学性能，必须掌握其持水特性。由于设置防渗墙会导致土体含水量下降，因此只研究了干燥路径下的持水特性。值得注意的是：保水曲线（WRC）通常呈滞回现象，即干燥（解吸）和润湿（吸附）曲线并不相同。

WRC 的形状主要受土壤矿物学、质地和结构的影响。Croney D 等发现孔隙比对粉砂的 WRC 有显著影响。Sun 等、Gallage C P K 等、Sheng D 等对压实土进行了研究，得出了相同的结论。然而，另外一些研究人员得出了相反的结论。例如，Box J E 等认为 WRC 似乎与初始孔隙率无关；Campbell G S 等、Krahn J 等、Birle E 等也证实了这一点。值得注意的是，这些结论都来自对干密度相对较低或孔隙率较大的土体进行试验的结果。例如，Birle E 等研究了孔隙率大于 0.5 的土体。Indrawan I G B 等研究了由颗粒粒径分布定义的土壤质地对 WRC 的影响，并将两种类型的砂土按不同的比例混合，发现土壤吸力随粗粒土含量的增加而减小。Gallage C P K 等比较了不同 GSD 的 WRC 滞回特性，并观察到均匀粗粒土的滞回性比不均匀细粒土的更小，并观察到均匀的粗粒土比不均匀的细粒土具有更小的滞回性。Rahardjo H 等研究了 50%

残积土和 50％砾石的混合物，发现 WRC 没有表现出双峰特征。目前对低初始孔隙率
和 GSD 对层间错动带保水性的影响研究较少。

为了获得不同类型的层间错动带，首先将收集和混合的土壤风干，然后风干筛分成 5
组 GSD 分别为 10～5mm、5～2mm、2～1mm、1～0.5mm 和小于 0.5mm。根据 Xiao 和
Akilov 对泥化夹层的分类，选择三个 GSD 用于制备试样，即类型 1、类型 2、类型 3，每种
类型都是由不同量的 GSD 组成的。例如，类型 3 是分别通过取 8％，10％，13％，12％
和 57％而形成的。每种类型的最终 GSD 通过湿筛法和比重计法测定（图 6.9）。根据 Xiao
S F 等的研究，类型 1 属于泥质土，类型 2 和类型 3 分别为淤泥泥浆和碎石泥浆。类型 1
被分类为黏土，而类型 2 和类型 3 被分类为黏质砂土。结果表明，类型 1 的最大粒径为
0.5mm，类型 2 的最大粒径为 2mm，类型 3 的最大粒径为 10mm。

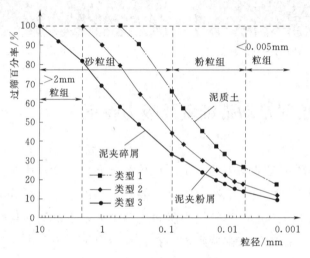

图 6.9　三种典型的 GSD 曲线

为了获得相同的样品，在混合土中加入所需量的蒸馏水，以达到 7％的天然含水
率。然后，将土壤密封在塑料袋中，并在 22℃恒温条件下放置至少 24h，以实现含水
率均匀化。最后，所有初始含水率为 7％的试样，均采用内径为 60mm、高度为
30mm 的模具进行压实制备而成。控制土壤的比重以达到所需的孔隙率。总共考虑了
三种孔隙率，即 0.3、0.4 和 0.5。值得注意的是，所选择孔隙率范围（0.3～0.5）不
仅代表了白鹤滩地区的孔隙率（0.32～0.45），而且与 Zhang X 等和 Xu G G 所研究的
其他地区的孔隙率（0.3～0.64）相近，见表 6.3。

表 6.3　　　　　　　　　　　　　　　层间错动带的工程特性

位置	孔隙率	颗粒密度/(mg·m^{-3})	干密度/(mg·m^{-3})	样品数量
PD73	0.324	2.78	2.1	11
PD74	0.447	2.83	1.96	4

为了制备不同饱和程度的试样，先将试样在约束模具中压实，然后在真空条件下饱和，然后干燥至在不同时间内空气中所需的含水量。在此过程中，还对试样的收缩进行了监测。考虑到三个孔隙率和三个 GSD，共获得了 9 个 WRC。为了获得令人满意的准确度，进行了重复测量。总的来说，每个 WRC 有 14 个测量点，测量了 20%～80% 的每 10% 饱和度对应的吸力，即共 63 个试样。每个样品用两个数字（例如 0.3 - 1）标记：前一个数字表示孔隙率；后一个数字表示 GSD 的类型。选择三个样品，编号分别为 0.3 - 3、0.5 - 1 和 0.5 - 3，用于 MIP 测试，并考虑两个初始状态（压实状态之后和再饱和状态之后）。对于这些 MIP 试验，每种状态下的三个样品被小心地修剪成小块，然后通过冷冻干燥技术进行脱水。对于收缩测量，九个样品的收缩曲线如图 6.10 所示。在达到所需的含水率后，使用游标卡尺对试样的直径和高度进行三次测量，根据直径和高度的变化平均值计算出新的体积。应该注意的是，以下部分中饱和度的所有计算均采用土体收缩后的体积。

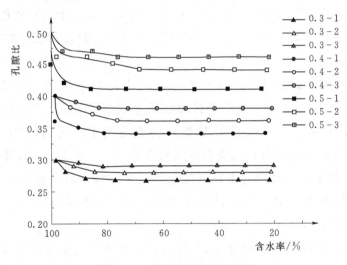

图 6.10 九个样品的收缩曲线

6.3.1 非饱和层间错动带体积收缩变形特性

通过研究体积收缩特征随含水量变化的关系，可以得到以下结论：

（1）所有试样体积的收缩均随干燥逐渐收敛到一个特定值，但主要发生在干燥初期。进一步研究表明，在干燥过程中，孔隙率迅速下降，直至收缩使饱和程度限制在 75% 左右；之后，孔隙率几乎保持不变。

（2）体积收缩与初始孔隙率有关。以相同粒径分布（GSD）的样品 0.3 - 1、0.4 - 1、0.5 - 1 为例：0.5 - 1 的体积收缩最大，为 6%；而 0.3 - 1 的体积收缩最小，为 2.5%。结果表明，密度越大（孔隙率越小）的试样体积变化越小。其他两种类型也有类似的趋势。这一观察结果与 AIbrecht B A 等的观察结果一致，可以解释为：在高密度的情况下颗粒更为紧密。值得注意的是，在不同含水量下压实后立即干燥的样品趋势不同。事实上，Birle E 等研究了体积收缩与初始干密度（孔隙率）无关，它只取决于压实过程中的含水量。

（3）体积收缩也与粒径分布有关。以相同初始孔隙率 0.5−1、0.5−2、0.5−3 为例，0.5−1 试样体积变化最大为 6％；0.5−3 试样体积变化最小为 2.7％。其他初始孔隙率（0.4 和 0.5）的试样表现出相似的特征，体积变化随细颗粒含量的增加而增大。这可以解释为：对于具有较高保水能力的较细颗粒，在脱湿过程中可提供更多的水分，这会导致体积发生更大的变化。

6.3.2　典型试样细观特征

图 6.11 显示了样品 0.5−1、0.3−3 和 0.5−3 的 $dV/d(\lg D)$ 随孔径的变化，其中 V 是压入汞的体积，D 是孔径。所有压实样品呈双峰分布，表明存在微孔隙（micro − pore family）和大孔隙（macro − pore family）。三个样品微孔直径（约 $2.74\mu m$）几乎相同，如图 6.11（a）所示。这些孔隙通常被认为是集合体内孔隙（intra − aggregate pores）。而三个样品大孔直径是不同的，即分别为 $15.11\mu m$、$11.32\mu m$ 和 $40.34\mu m$。这些孔隙通常被认为是集合体间孔隙（inter − aggregate pores）。因此，$2\mu m$ 是集合体内和集合体间的边界尺寸。然而，对于饱和样品，在三个样品经过再饱和之后，孔隙已由原来的双峰变为单峰形状，如图 6.11（b）所示。可以看出，在饱和试样中，较大的孔隙在峰值处（分别为 $1.92\mu m$、$1.21\mu m$ 和 $20.11\mu m$）减小了很多。

不同孔隙半径的孔隙体积如图 6.12 所示。对于压实的样品，比较具有相同粒径分布样品 0.3−3 和 0.5−3 的孔隙体积，如图 6.12（a）所示。当孔径大于 $1\mu m$ 时，孔隙体积相差很大，当孔径在 $2\sim30\mu m$ 时，前者的孔隙体积几乎为后者的 9 倍，当孔径在 $1\sim2\mu m$ 和大于 $30\mu m$ 时，前者的孔隙体积仅为后者的 1/8。当具有相同孔隙率的样品 0.5−1 和 0.5−3 的孔径大于 $1\mu m$ 时，样品 0.5−1 和 0.5−3 孔隙数量也不同，前者在孔径 $2\sim30\mu m$ 范围内孔隙数量较多，但在 $1\sim2\mu m$ 和大于 $30\mu m$ 的范围内则较少。很容易理解不同的孔隙率会导致不同的孔径分布，所得到的结果也是如此。结果表明，在相同孔隙率的情况下，不同的颗粒粒径分布下孔径分布也不同，因为粗颗粒会产生较大的孔隙。这表明，用孔隙率作为唯一的有效参数来表征土体的微观结构，在实际应用中是有误导性的。

再饱和样品 0.3−3 和 0.5−3，集合体间孔隙几乎消失，但样品 0.3−3 的集合体内孔隙增加，如图 6.12(b)所示。此外，样品 0.5−3 的孔隙数量在两个孔径范围（1～

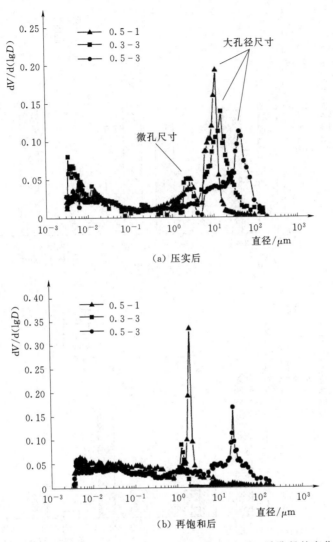

图 6.11 样品 0.5 - 1、0.3 - 3 和 0.5 - 3 的 $dV/d(\lg D)$ 随孔径的变化曲线

$2\mu m$ 和大于 $30\mu m$）内减少。结果表明，微孔隙数量基本相同，但宏观孔隙数量（大于 $2\mu m$）变化较大，前者的孔隙体积仅为后者的 4%。对于饱和后的样品 0.5 - 1 和 0.5 - 3，最大的变化发生在 $2\sim30\mu m$ 的孔径范围内，前者下降 6 倍，后者增加 10 倍。很明显，宏观孔隙体积变化很大，相差大约四倍。此外，微孔隙在 $0.003\sim1\mu m$ 范围内有所增加但差别不大。

尽管在限定的饱和条件下总的孔隙体积不能改变，但是一般来说，再饱和过程可显著改变孔径分布，集合体间孔隙（大于 $30\mu m$）较少，集合体内孔隙（$0.003\sim1\mu m$）较多。微观结构变化的原因可能是黏土集料在润湿和填充部分集合体间孔隙时会产生膨胀。再者，较高孔隙率和较粗颗粒的样品具有较大的孔径和孔隙体积（大于

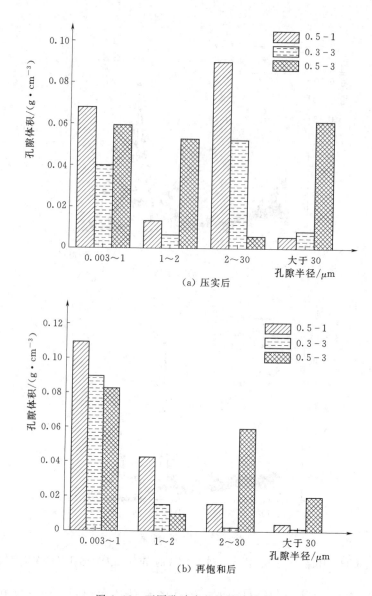

图 6.12　不同孔隙半径的孔隙体积

30μm)。由于用于测量吸力的样品的初始状态是从饱和状态开始的，因此选择再饱和样品的粒径分布结果作为初始微结构更为合理。

6.3.3　不同初始物理状态对吸力的影响

图 6.13 (a) ～ (c) 从饱和程度的角度给出了三组不同颗粒粒径分布样品的吸力数据。观察到三组的保水曲线均由高孔隙率至低孔隙率呈现上升，表明持水能力随孔

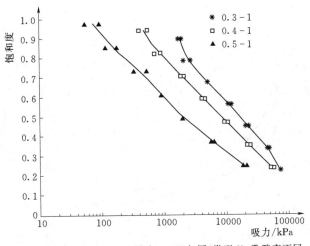

（a）对数刻度；颗粒粒径分布（GSD）相同（类型 1），孔隙率不同

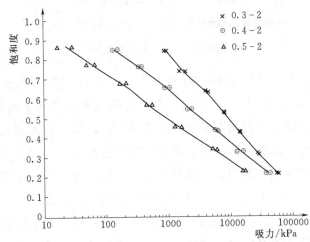

（b）对数刻度；颗粒粒径分布（GSD）相同（类型 2），孔隙率不同

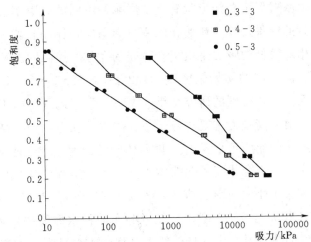

（c）对数刻度；颗粒粒径分布（GSD）相同（类型 3），孔隙率不同

图 6.13（一） 滤纸法结果

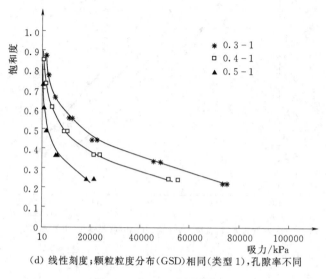

(d) 线性刻度；颗粒粒度分布（GSD）相同（类型 1），孔隙率不同

图 6.13（二） 滤纸法结果

隙率的降低而增加。Kawai K 等对孔隙率为 0.99～2.11 的粉质黏土以及 Sun D A 等对孔隙率为 1.06～1.29 的 Pearl－clay 黏土进行研究并观察到了类似的趋势。此外，随着孔隙率的降低，保水曲线的斜率变大。这显然与 Birle E 等研究发现：当孔隙率在对数坐标上较大时，水保持曲线的斜率更大的结论相反。这是因为一个样品具有较大的孔隙率时会更容易地实现饱和。这与本书得到的结果一致。如果测量数据是在线性坐标上绘制 ［图 6.13（d）］，0.5－1 的斜率比 0.4－1 和 0.3－1 的斜率大。

图 6.14 为吸力与含水量的关系曲线。值得注意的是，对于给定的颗粒粒径分布下，保水曲线与初始孔隙率无关。这与 Erzin Y 等和 Birle E 等的观点一致。

总之，初始孔隙率对保水曲线形状有重要影响。不同的孔隙率会产生不同的微观结构，比较压汞试验的结果发现，初始孔隙率只影响集合体间孔隙，而不影响集合体内孔隙。这意味着相对较低的吸力是由集合体间的孔隙所控制的。Nowamooz H 等在相同含水量（15%）但不同的初始干密度（1.27 和 1.55mg/m³）条件下，对两个压实的样品进行了压汞实验，得到的研究结果与本书一致。此外，由于高吸力主要对应于集合体内的孔隙，由于高吸力主要对应于集合体内的孔隙，对于高塑性黏土，在低饱和度时，每个孔隙比的曲线近似重合。集合体间孔隙是控制脱湿速率的主要因素，在孔隙率较低的样品中，集合体间的孔隙体积低得多，样品脱湿则需要更大的吸力。

颗粒粒径分布对保水曲线的影响结果如图 6.15 所示。0.3－1、0.3－2 和 0.3－3 的初始孔隙率相同都为 0.3，1～3 型颗粒粒径分布与保水曲线关系如图 6.15（a）所示。从吸力和饱和度的角度看，水保持曲线由 3 型到 1 型呈现向上移动现象。这表明随着细颗粒含量的增加，保水率增加。在图 6.15（b）和（c）中，孔隙率为 0.4 和

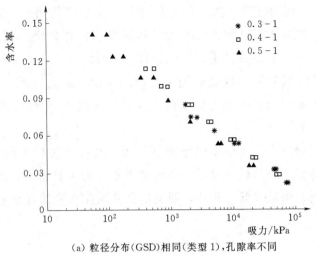

（a）粒径分布（GSD）相同（类型 1），孔隙率不同

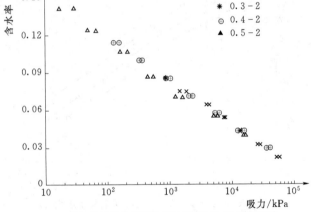

（b）粒径分布（GSD）相同（类型 2），孔隙率不同

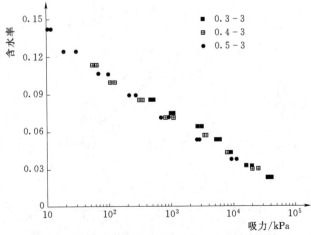

（c）粒径分布（GSD）相同（类型 3），孔隙率不同

图 6.14　吸力与含水量的关系曲线

0.5 的样品也可观察到同样的现象。如上所述，与 1 型样品相比，3 型样品具有更多的集合体内孔隙。更多的小孔隙的存在使土壤能够在同样的吸力下保持更多的水分，也是图 6.15（a）～（c）曲线"上移"的原因。Indrawan I G B 等对不同粗粒物质含量的新加坡残积土进行研究，也观察到了类似的结论。研究发现，残积土-砾石混合砂的保水曲线介于残积土和砂土的保水曲线之间。残积土-中砂土混合物的保水量曲线介于残积土和中砂之间。

　　虽然保水曲线的斜率从 3 型略微增加到 1 型，粒径分布较粗的样品更容易脱湿。这表明集合体间孔隙的差异是造成保水曲线斜率不同的主要原因，因为从大孔隙中去除孔隙水所需的吸力相对较低。此外，同类型样品的保水曲线在高吸力范围内趋于重

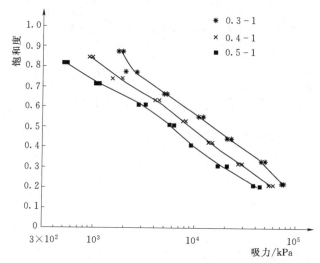

（a）对数刻度、孔隙率都为 0.3 时，颗粒粒径分布曲线

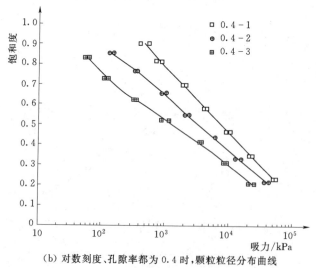

（b）对数刻度、孔隙率都为 0.4 时，颗粒粒径分布曲线

图 6.15（一）　颗粒粒径分布对保水曲线的影响结果

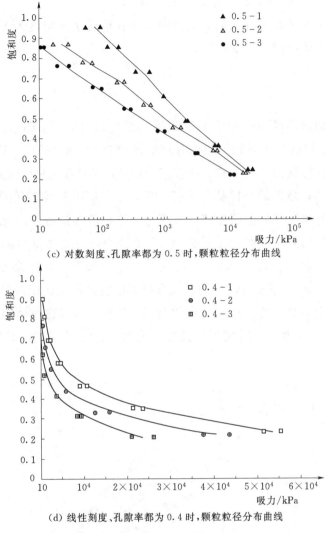

(c) 对数刻度、孔隙率都为 0.5 时,颗粒粒径分布曲线

(d) 线性刻度、孔隙率都为 0.4 时,颗粒粒径分布曲线

图 6.15(二) 颗粒粒径分布对保水曲线的影响结果

合,这与对较小孔隙进行压汞实验得到的数据是一致的。

6.3.4 基于滤纸法与压汞法的土水特征曲线对比分析

压汞法(MIP)试验结果可用于确定土的保水曲线。理论上,MIP 试验期间的汞侵入过程相当于通过增加初始饱和土样品中的外部空气压力来进行脱湿过程。描述吸入压力和入侵汞压(品脱)之间的关系式为

$$S = U_a - U_w = -\frac{T_w \cos \varphi_w}{T_{HG} \cos \varphi_{HG}} P_{int} \tag{6-9}$$

式中 T_w、T_{HG}——水和汞的表面张力,在 25℃分别是 0.072N/m 和 0.484N/m;

φ_w、φ_{HG}——接触角，水为 0，汞为 141.3。

假设土壤中的孔隙是圆柱形的，可以利用沃什伯恩法确定侵入压力（品脱）与孔隙直径（D_p）之间的关系，计算式为

$$P_{int} = -\frac{4T_{HG}\cos\varphi_{HG}}{D_p} \qquad (6-10)$$

本书采用最初饱和样品的 MIP 测试数据［图 6.11（b）］。图 6.16 通过 MIP 测试推断出来的 WRC 与滤纸法得到的相比有相似的趋势。一般来说，MIP 测试推断的吸力数据与脱湿路径得到的数据一致。比较三个样品，可以看出最匹配的是样品 0.3-3；其次是样品 0.5-3；最差的是样品 0.5-1。理论上，MIP 试验期间的汞侵入过程相当于通过增加初始饱和土样品中的外部空气压力来进行脱湿过程。因此，可以在两种方法之间获得类似的趋势。然而，在干燥 WRC 试验中，在液体排出的过程中会发生孔隙收缩。在收缩试验中，样品 0.3-3 的变化最小（0.7%），样品 0.5-1 的变化最大（6%）。Simms P H 等表明，土的收缩会显著改变样品土的微观结构。但是，对于 MIP 试验，因为它只是对样品初始状态的测试，所以没有考虑收缩因子。这意味着通过 MIP 试验推断的吸力，只适用于低孔隙率和发生过小收缩的、较粗颗粒的层间错动带。

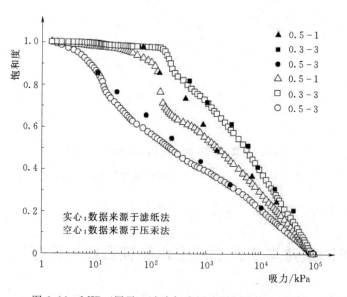

图 6.16　MIP（压汞）试验与滤纸法测得的吸力对比图

6.3.5　多元线性回归

针对新加坡残积土，Agus S S 等将 9 个基本土性参数与 WRC 的曲线形状参数进

行了多元线性回归，其发现仅 4 个参数即限制粒径 d_{60} 液限，活性和干密度即可描述 WRC 的形状。但由于在此研究中所用材料是一致的，因此，并不考虑液限和活性。因此，本次多元线性回归仅考虑 d_{60}、含水率和初始孔隙比，即

$$\mathrm{Lg}s(\mathrm{kPa})=5.814-0.941d_{60}-0.277w\%-0.640e \quad R^2=0.98 \quad (6-11)$$

基于对初始孔隙比的认识，如果仅考虑 d_{60} 和含水率的影响，则得到

$$\mathrm{Lg}s(\mathrm{kPa})=5.609-0.944d_{60}-0.284w\% \quad R^2=0.98 \quad (6-12)$$

可以从式（6-11）和式（6-12）可以看出两个方程的 R^2 几乎是相同的。可以从式（6-11）和式（6-12）推测出当 d_{60} 越大时，吸力随着细颗粒的增多而增高。由于试验方案是根据层间错动带现场情况下的工程地质特性制定的，且饱和度区间已包括了 20%～80%，已经覆盖了实际工程中遇到的绝大多数饱和度。式（6-12）可以仅根据两个物理特性指标 w 和 d_{60} 即可确定出试样的吸力，可为现场的吸力大小做初步预测。

6.4 小结

（1）在收缩过程中，孔隙率较低、细颗粒含量较低的样品体积变化较小。此外，体积的主要变化发生在饱和程度大于 75% 时，而在较低的饱和度下，孔隙率几乎保持不变。

（2）压实样品、具有较高比隙率和较粗颗粒的再饱和样品都具有比较大的孔径和较多的较大的孔（大于 $30\mu m$）。然而，具有较少的集合间的孔隙（大于 $30\mu m$）和更多的集合体内的孔隙（$0.003\sim1\mu m$）在重新进行饱和之后，被压缩过的样品的孔隙分布从原始双峰形状变为单峰形状。

（3）随着孔隙率的减小，WRC 向上移动；然而，就质量含水率而言，WRC 被视为独立于初始孔隙率。此外，较大的孔隙是控制非饱和脱湿速率的主要因素。因此，WRC 的斜率随着孔隙比的减小而增大，并且这只能在以饱和度表示的吸力坐标轴上观察到。

（4）对以饱和度表示的吸力而言，WRC 从较粗的样品向较细的样品略微向上移动，而且颗粒较粗的样品更容易饱和。较大的孔隙是控制 WRC 斜率的主要因素，这是因为较粗的颗粒产生了更多的大孔隙。

（5）对于收缩较小的土，基于 MIP 法和滤纸法获得的吸力数据比较一致。结果表明，孔隙率较低、颗粒较粗的层间错动带更适合于基于 MIP 的吸力估测。

参 考 文 献

[1] Croney D, Coleman J D. Soil Thermo dynamics applied to the movement of moisture in road foundations [J]. Free Water, 1948.

[2] Fredlund D G, Rahardjo H. Soil mechanics for unsaturated soils [M]. New York: John Wiley, 1993.

[3] Hillel D. Fundamentals of soil physics [M]. New York: Academic Press, 1980.

[4] Sillers W S, Fredlund D G, Zakerzadeh N. Mathematical attributes of some soilwater characteristic curve models [J]. Geotechnical and Geological Engineering, 2001, 19: 243 - 283.

[5] Brooks RH, Corey AT. Hydraulic properties of porous media [J]. Colorado State University Hydrology Paper, 1964: 72 - 80.

[6] Genuchten V, Th M A. Closed - form Equation for Predicting the Hydraulic Conductivity of Unsaturated Soils1 [J]. Soil Science Society of America Journal, 1980, 44 (5): 892.

[7] Fredlund D G, Xing A. Equations for the soil - water characteristic curve [J]. Canadian Geotechnical Journal, 1994, 31 (4): 521 - 532.

[8] BulutR, LyttonRL, Wray WK. soil suction measurements bhy filter paper [J], Geotechnical Special Publication, 2001 (115): 243 - 261.

[9] Xiao SF, Akilov K. The Fabric and Creep Strength Property of Infilled Joint Soils [M]. Changchun: Jilin Science Press, China, 1991.

[10] Williams J, Prebble R E, Williams W T. The influence of texture, structure and clay mineralogy on the soil moisture characteristic [J]. Australian Journal of Soil Research, 1983, 21 (1): 15 - 19.

[11] LiX, Zhang LM. Characterization of dual - structure pore - size distribution of soil [J], Candian. Geotechnical Journal. 2009, 46: 129 - 141.

[12] Arya L M, Paris J F. A Physico - Empirical Model to Predict the Soil Moisture Characteristic from Particle Size Distribution and Bulk Density Data [J]. Soil Science Society of America Journal, 1981, 45 (6): 1023 - 1030.

[13] Arya L M, Leij F J, Shouse P J, et al. Relationship between the hydraulic conductivity function and the particle-size distribution [J]. Soil Sci. Sco. Am. J. 1999, 63: 1063 - 1070.

[14] Vanapalli S K, Fredlund D G, Pufahl D E. The influence of soil structure and stress history on the soil - water characteristics of a compacted till [J]. Géotechnique, 1999,

51 (51): 573 - 576.

[15] Croney D, Coleman J D. Soil structure in relation to soil suction [J]. European Journal of Soil Science, 2010, 5 (1): F - F.

[16] Sun D, Sheng D, Xu Y. Collapse behaviour of unsaturated compacted soil with different initial densities [J]. Canadian Geotechnical Journal, 2007, 44 (6): 673 - 686.

[17] Gallage C P K, Uchimura T. Effects of dry density and grain size distribution on soil - water characteristic curves of sandy soils [J]. Soils & Foundations, 2010, 50 (1): 161 - 172.

[18] Sheng D, Zhou A N, Carter J P. Modelling the effect of initial density on soil - water characteristic curves [J]. Géotechnique, 2012, 62 (8): 669 - 680.

[19] Box J E, Taylor S A. Influence of Soil Bulk Density on Matric Potential1 [J]. Soil Science Society of America Journal, 1962, 26 (2).

[20] Campbell G S, Gardner W H. Psychrometric measurement of soil water potential: Temperature and bulk density effects [J]. Soil Science Society of America Journal, 1971, 35 (1): 8.

[21] Krahn J, Fredlund D G. On total, matric and osmotic suction [J]. Soil Science, 1972, 114 (5): 339 - 348.

[22] Birle E, Heyer D, Vogt N. Influence of the initial water content and dry density on the soil - water retention curve and the shrinkage behavior of a compacted clay [J]. Acta Geotechnica, 2008, 3 (3): 191 - 200.

[23] Indrawan I G B, Rahardjo H, Leong E C. Effects of coarse - grained materials on properties of residual soil [J]. Engineering Geology, 2006, 82 (3): 154 - 164.

[24] Rahardjo H, Alfrendo S. D'Amore GAR, Leong EC. Soil - water characteristic curves of gap - graded soils [J]. Eng. Geol, 2012, 125, 102 - 107.

[25] Standard Practice for Classification of Soils for Engineering Purposes ASTM Standard D2487 [S]. ASTM International, West Con - shohocken, PA, USA. shohocken, PA, USA. 2006.

[26] Zhang X, Nie D, Han W. The effect of confining pressure and the possibility ofargillization of weak intercalations [J]. Geological Review, 1990, 36 (2): 63 - 67.

[27] Xu G G. Study of formation and strength features of clay gouged intercalation in red fragment rock series [J]. Yellow River, 1994.

[28] Shi AC, Tang M F, Yao W. Feasibility Research Report onHaihetan Hydro Station on Jinshariver (Engineering Geology) [R]. HydroChina Huadong Engineering Corporation, Hangzhou, China (inChinese), 2011.

[29] Houston SL. Laboratory Filter Paper Suction Measurements [J]. Geotechnical Testing Journal, 1994, 17 (2): 185 - 194.

[30]　Delage P，Audiguier M，Cui Y J，et al. Microstructure of a compacted silt [J]. Canadian Geotechnical Journal，1996，33 (1)：150 – 158.

[31]　Albrecht B A，Benson C H. Effect of Desiccation on Compacted Natural Clays [J]. Journal of Geotechnical and Geoenvironmental Engineering，2001，127 (1)：67 – 75.

[32]　Kawai K，Kato S，Karube D，et al. The model of water retention curve considering effects of void ratio. [C] // Unsaturated Soils for Asia Asian Conference on Unsaturated Soils，2000.

[33]　Sun D A，Sheng D C，Cui H B，et al. Unsaturated Soils 2006 – Effect of Density on the Soil – Water – Retention Behaviour of Compacted Soil [J]. American Society of Civil Engineers Fourth International Conference on Unsaturated Soils – Carefree，Arizona，United States，2006：1338 – 1347.

[34]　Erzin Y，Erol O. Swell pressure prediction by suction methods [J]. Engineering Geology，2007，92 (3 – 4)：133 – 145.

[35]　Nowamooz H，Masrouri F. Suction variations and soil fabric of swelling compacted soils [J]. Journal of Rock Mechanics and Geotechnical Engineering，2010，2 (2)：129 – 134.

[36]　Indrawan I G B，Rahardjo H，Leong E C. Effects of coarse – grained materials on properties of residual soil [J]. Engineering Geology，2006，82 (3)：154 – 164.

[37]　OsinubiKJ，BelloAA. Soil – water characteristics curves forreddish brown tropical soil [J]. Electron. J. Geotech. Eng. 2011，16：1 – 24.

[38]　Delage P，Lefebvre G. Study of the structure of a sensitive Champlain clay and of its evolution during consolidation [J]. Canadian Geotechnical Journal，1984，21 (1)：21 – 35.

[39]　Simms P H，Yanful E K. Measurement and estimation of pore shrinkage and pore distribution in a clayey till during soil – water characteristic curve tests [J]. Canadian Geotechnical Journal，2001，38 (4)：741 – 754.

[40]　Agus S S，Leong E C，Rahardjo H. Soil – water characteristic curves of Singapore residual soils [J]. Geotechnical and Geological Engineering，2001，19 (3)：285 – 309.

第 7 章

层间错动带对工程稳定性
影响分析

岩体在天然应力状态下，受力处于平衡状态。因此，其一般可以保持稳定状态。但一经工程开挖，岩体中出现了可供变形的临空面，应力状态遭到破坏，引起应力性质和大小的变化，如出现拉应力或压应力值升高数倍的情况。当岩体所具有的强度不足以抵抗这种新的应力时，就要发生变形与破坏（含软弱夹层岩质边坡稳定性分析）。岩体地下洞室的稳定性问题历来是工程界研究的重点。由于实际岩体具有不同构造、产状和特性的不连续结构面等（如层面、节理、裂隙、软弱夹层、岩脉和断层破碎带等），这就给岩体的稳定性分析带来了巨大的困难。由于这种变形和破坏一般都是沿着结构面进行，因此，在研究岩体的结构特征及其力学性质，探讨岩体变形破坏机理时，要特别注意结构面效应，尤其是软弱结构面的控制作用，研究内容包括它们的成因、形态、物质组成、空间产状、力学强度等特征。而这些不连续面的存在，恰恰是岩体工程稳定问题的关键因素。因此，研究具有层间错动带的岩体地下洞室在开挖作用下的特征，合理地评价层间错动带对地下洞室的影响具有重要意义。

由于层间错动带的绝对尺寸较大，可以按照三维连续体进行分析。数值模拟方法（如有限差分法）应用于有层间错动带影响的地下洞室稳定性分析中，具有以下优势：

（1）它可以全面满足静力许可、应变相容和应力、应变之间的本构关系，不必引入假定条件，保持了严密的理论体系。

（2）可以不受边坡几何形状的不规则和材料的不均匀性的限制，较真实地模拟山体的地形地貌以及山体内复杂的地质条件。

（3）可以分析地下洞室开挖过程中围岩破坏的发生和发展过程，以及开挖后加固的施工过程，考虑岩土体与支挡结构的共同作用及其变形协调。

（4）有限差分法分析结果都可以提供应力、应变的全部信息。

7.1 层间错动带力学模型及参数

层间错动带是在多次地质历史演化过程中形成的，根据其力学试验，其经受过反复剪切并最终成为了仅具有一定胶结强度的摩擦类材料，对层间错动带岩体而言，层间错动带是弱化其力学强度的关键因素。Mohr - Coulomb 强度准则假定材料为剪切破坏，这一假定与层间错动带的实际破坏情况比较相符，因此在含层间错动带的岩土工程中的大量工程实践中得到了应用；此外，其在漫长地质历史时期形成的胶结力极易受到破坏，而且在高应力条件下，持续加载会导致颗粒破碎情况加剧进而造成了一定的损伤，导致其力学参数不断劣化。因此，本章根据其试验过程中力学参数的变化以及现场应力条件下的变形特点，采用可以考虑其硬化软化特征和体积变形的力学模型描述其变形及强度特征，并确定其力学参数符合试验结果。

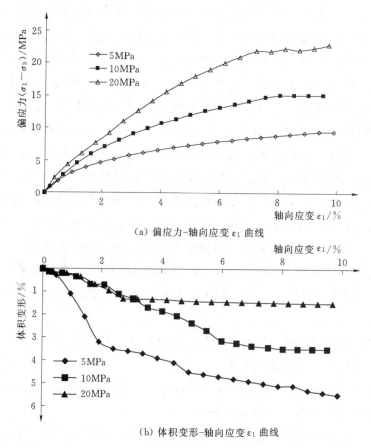

(a) 偏应力-轴向应变 ε_1 曲线

(b) 体积变形-轴向应变 ε_1 曲线

图 7.1   不同围压下层间错动带轴向应力-应变和体积变形曲线

7.1.1   强度参数演化

由图 7.1 可看出：①层间错动带三轴变形曲线主要呈应变硬化或理想弹塑性；②初始阶段曲线近似呈线性，取其斜率即 E_m 为变形模量，为了后续分析的简便，假设弹性模量和泊松比在整个加载过程中为定值，加载过程中不考虑弹塑性耦合；③随着围压增大，破坏强度逐渐升高，说明层间错动带的强度对围压比较敏感；④体积应变主要为压缩变形，随着围压增大，压缩程度逐渐增大。

由上述试验结果可知，层间错动带的力学性质随塑性变形而变化，且受围压的影响显著。为了反映这一特性，需要修正传统塑性力学中的内变量（一般为塑性应变）的定义，使其包含围压的影响因素。由于所谓的"围压"只是在常规三轴试验中的一种特殊的应力状态（$\sigma_2 = \sigma_3$），而在实际工程围岩中一般不存在这种应力状态。因此，考虑一般性条件，定义内变量 κ 为

$$\kappa = \int \mathrm{d}\kappa, \mathrm{d}\kappa = \frac{\sqrt{\dfrac{2}{3} \mathrm{d}e_{ij}^p \mathrm{d}e_{ij}^p}}{f\left(\dfrac{I_1}{\sigma_c}\right)} \qquad (7-1)$$

式中　　$\mathrm{d}e_{ij}^p$——塑性应变偏张量，$\mathrm{d}e_{ij}^p = \mathrm{d}\varepsilon_{ij}^p - \dfrac{1}{3}\mathrm{tr}(\mathrm{d}\varepsilon_{ij}^p)\mathbf{I}$；

$\sqrt{\dfrac{2}{3}\mathrm{d}e_{ij}^p \mathrm{d}e_{ij}^p}$——等效塑性剪应变增量，记为 $\mathrm{d}\gamma^p f\left(\dfrac{I_1}{\sigma_c}\right)$，为应力张量第一不变量 I_1 的函数，引入单轴抗压强度 σ_c 为了无量纲化。

根据式（7-1）定义的内变量，如果屈服状态相同，则其内变量相同，因此，可以取层间错动带达 10% 时的内变量为定值来确定 $f\left(\dfrac{I_1}{\sigma_c}\right)$ 的表达形式，具体方法为：①设初始屈服时的内变量为 0，应变为 10% 时的内变量为 1；②在屈服阶段，由试验数据中的每一个加载步，可计算出其弹性应变增量和塑性应变增量，进而可计算出等效塑性剪应变增量 $\mathrm{d}\gamma^p$，由式（7-1）可得到一个带有待求 $f\left(\dfrac{I_1}{\sigma_c}\right)$ 形式的 $\mathrm{d}\kappa$；③累加求和得到 10% 应变时的 κ 值，令其值为 1 即可得 $f\left(\dfrac{I_1}{\sigma_c}\right)$ 的曲线形态和函数形式。

根据层间错动带不同围压下的常规三轴试验结果，可得到 $f\left(\dfrac{I_1}{\sigma_c}\right)$ 的表达式为

$$f\left(\frac{I_1}{\sigma_c}\right) = 0.0582\left(\frac{I_1}{\sigma_c}\right) + 1.1452 \qquad (7-2)$$

其中，I_1 与 σ_c 意义同式（7-1）。

根据上面定义的内变量，利用式（7-1）处理三轴试验的结果时，经过 $\mathrm{d}\kappa$ 叠加后，每个 κ 对应着一组（σ_1，σ_2，σ_3）。取受压为正，莫尔库仑屈服准则用第一主应力 σ_1 和第三主应力 σ_3 的表达式为

$$\sigma_1 = \sigma_3 \frac{1 + \sin\varphi}{1 - \sin\varphi} + 2c\,\frac{\cos\varphi}{1 - \sin\varphi} \qquad (7-3)$$

式中　　c，φ——分别为岩石的黏聚力和内摩擦角。

由式（7-3）知，只要给定两组（σ_1，σ_3）的值，即可解出一组（c，φ）的值。把内变量 κ 从 0~1 细分后，选取最接近 κ 值的两组（σ_1，σ_3），并由式（7-3）计算对应的（c，φ），列于表 7.1 中。

表 7.1　　　　　　　　层间错动带内变量取不同值时的应力状态和强度参数

κ	第一组		第二组		黏聚力 /MPa	内摩擦角 /(°)
	σ_1/MPa	σ_3/MPa	σ_1/MPa	σ_3/MPa		
0.3	10.4	5	28.0	20	2.09	4.57
0.4	11.0	5	31.1	20	1.86	8.35
0.5	11.7	5	33.2	20	1.89	10.25
0.6	12.58	5	35.55	20	1.98	12.11
0.7	13.03	5	37.89	20	1.84	14.32
0.8	13.56	5	39.90	20	1.80	15.92
0.9	13.99	5	41.91	20	1.71	17.51
1.0	14.37	5	42.82	20	1.77	18.03

由图 7.1 可以看出，从初始屈服开始，内摩擦角近似呈对数形式一直增大；黏聚力前期近似对数形式迅速减小，后期已趋于稳定至 1.78MPa 附近。设 φ 的初值为 φ_0，φ 值随内变量呈对数增大至 φ_r。c 的初值为 c_0，随内变量呈抛物线形减小，当到达 $\kappa=0.5$ 时，c 稳定至 c_r；强度参数 $c(\kappa)$、$\varphi(\kappa)$ 的表达式取为以下形式：

$$\begin{cases} c(\kappa)=(c_r-c_0)\ln\kappa+(c_r-1) & (0<\kappa<0.5) \\ c(\kappa)=c_r & (0.5\leqslant\kappa<1) \end{cases} \tag{7-4}$$

$$\varphi(\kappa)=(\varphi_r-\varphi_0-4)\ln\kappa+\varphi_r \quad (0\leqslant\kappa\leqslant1) \tag{7-5}$$

岩土材料区别于金属材料，受剪时会产生较为明显的剪胀或剪缩现象。从图 7.1 中可以看到，层间错动带在高压剪切时会出现明显的减缩现象。在经典岩土塑性力学理论中，描述剪胀（减缩）的参数应用最广泛的是剪胀角 ψ。传统方法中，在处理剪胀角时通常有两种方式：①采用非关联流动法则并令剪胀角等于 0，实际上是忽略了材料的剪胀性；②采用关联流动法则并令内摩擦角等于剪胀角且为定值，即采用屈服函数作为塑性势函数，这样往往会导致产生远大于实际情况的剪胀变形。在考虑非关联流动法则选取剪胀角时，仅知道 $\psi=\varphi$，取何值尚没有特别严格的理论依据。在常用的数值分析软件（如 FLAC 和 ANSYS 等）中，剪胀角在非线性本构模型中都默认为 0，虽然 FLAC 中的应变软化模型允许用户自定义剪胀角，但没有给出具体的建议。本书采用非关联流动法则以纠正关联流动法则计算中产生的过大的剪胀变形，在塑性势函数选择上将屈服函数中的内摩擦角 φ 代替剪胀角 ψ，并研究剪胀角随等效塑性剪应变变化的规律。

常规三轴试验第二主应力 σ_2 和第三主应力 σ_3 是相等的，其应力点在 Mohr - Coulomb 的 π 平面上相应位置如图 7.2 所示。应力点

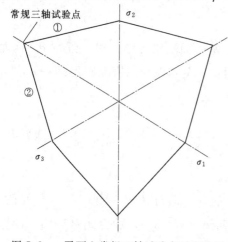

图 7.2　π 平面上常规三轴试验点对应位置

即为两条棱线①和②的交点，这两条棱线在应力空间中的方程分别为

$$\begin{cases} f_1 = \sigma_1 - \sigma_2 N_\varphi - 2c\sqrt{N_\varphi} \\ f_2 = \sigma_1 - \sigma_3 N_\varphi - 2c\sqrt{N_\varphi} \end{cases} \tag{7-6}$$

式中　N_φ——内摩擦角 φ 的函数，且 $N_\varphi = \dfrac{(1+\sin\varphi)}{(1-\sin\varphi)}$。

将式（7-6）中的内摩擦角 φ 替换为剪胀角 ψ，得到塑性势函数为

$$\begin{cases} g_1 = \sigma_1 - \sigma_2 N_\psi - 2c\sqrt{N_\psi} \\ g_2 = \sigma_1 - \sigma_3 N_\psi - 2c\sqrt{N_\psi} \end{cases} \tag{7-7}$$

式中　N_ψ——剪胀角 ψ 的函数，且 $N_\psi = \dfrac{(1+\sin\psi)}{(1-\sin\psi)}$。

设其符合非关联流动法则，则

$$\mathrm{d}\varepsilon^p = \mathrm{d}\lambda_1 \frac{\partial g_1}{\partial \sigma} + \mathrm{d}\lambda_2 \frac{\partial g_2}{\partial \sigma} \tag{7-8}$$

将式（7-7）代入式（7-8），即可得到塑性应变增量的三个主应变为

$$\begin{cases} \mathrm{d}\varepsilon_1^p = \mathrm{d}\lambda_1 + \mathrm{d}\lambda_2 \\ \mathrm{d}\varepsilon_2^p = -\mathrm{d}\lambda_1 N_\psi \\ \mathrm{d}\varepsilon_3^p = -\mathrm{d}\lambda_2 N_\psi \end{cases} \tag{7-9}$$

三式相加得：

$$\mathrm{d}\varepsilon_v^p = (\mathrm{d}\lambda_1 + \mathrm{d}\lambda_2)(1 - N_\psi) \tag{7-10}$$

解得：

$$N_\psi = 1 - \frac{\mathrm{d}\varepsilon_v^p}{\mathrm{d}\varepsilon_1^p} \tag{7-11}$$

可解出剪胀角 ψ 为

$$\psi = \arcsin \frac{\mathrm{d}\varepsilon_v^p}{-2\mathrm{d}\varepsilon_1^p + \mathrm{d}\varepsilon_v^p} \tag{7-12}$$

下面给出剪胀角的具体计算方法。以围压 5 MPa 的试验结果为例，经整理得到塑性体积应变、第一塑性主应变与等效塑性剪应变曲线如图 7.3 所示。

拟合塑性体积应变、第一塑性主应变与等效塑性剪应变的曲线得到的计算式为

$$\varepsilon_v^p = -2601(\gamma^p)^3 + 46.802(\gamma^p)^2 - 0.283\gamma^p + 0.031 \tag{7-13}$$

$$\varepsilon_1^p = 3461(\gamma^p)^3 - 171.47(\gamma^p)^2 + 3.4152\gamma^p + 0.0001 \tag{7-14}$$

对式（7-13）和式（7-14）分别取微分，即

$$\mathrm{d}\varepsilon_v^p = [-7802(\gamma^p)^2 + 93.604\gamma^p - 0.283]\mathrm{d}\gamma^p \tag{7-15}$$

$$\mathrm{d}\varepsilon_1^p = [10382(\gamma^p)^2 - 342.94\gamma^p + 3.4152]\mathrm{d}\gamma^p \tag{7-16}$$

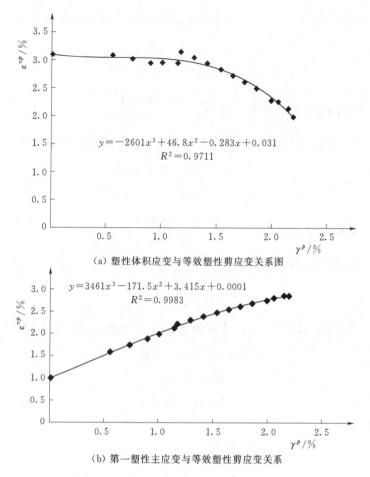

（a）塑性体积应变与等效塑性剪应变关系图

（b）第一塑性主应变与等效塑性剪应变关系

图 7.3 两种塑性应变与等效剪应变关系曲线

把式（7-15）和式（7-16）代入到式（7-12），可得到剪胀角用等效塑性剪应变表示的函数表达式为

$$\psi = \arcsin\frac{-7802\,(\gamma^p)^2 + 93.604\gamma^p - 0.283}{-28566.3\,(\gamma^p)^2 + 779.48\gamma^p - 7.113} \tag{7-17}$$

可通过计算不同的等效塑性剪应变求出剪胀角。由式（7-1）可以得到等效塑性剪应变与内变量的对应关系，进行插值可以求出不同内变量对应的剪胀角。同理可求得其他围压下不同内变量下的剪胀角值，见表 7.2。

表 7.2　　　　　　　　　不同内变量和围压下的剪胀角　　　　　　　　单位：（°）

内变量	围压下的剪胀角		
	5MPa	10MPa	20MPa
0.1	18.73	18.181	17.501
0.2	17.20	16.964	15.087
0.3	16.73	14.248	13.223

续表

内变量	围压下的剪胀角		
	5MPa	10MPa	20MPa
0.4	16.50	12.196	11.800
0.5	16.37	11.816	10.941
0.6	16.28	11.701	10.414
0.7	16.22	11.197	10.302
0.8	16.18	11.141	10.529
0.9	16.14	10.973	11.056
1.0	16.11	10.847	11.956

不同围压下剪胀角与内摩擦角的演化曲线如图 7.4 所示。

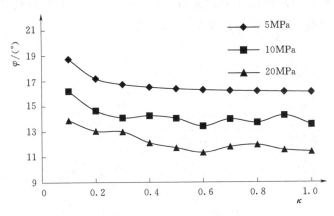

图 7.4　剪胀角 κ 与内摩擦角 φ 的演化曲线

从图 7.4 中可以看出，层间错动带的内摩擦角与剪胀角演化趋势相反，应采用非关联流动法则。当内摩擦角趋于平缓时，剪胀角也趋于平缓。由上述分析可归纳出剪胀角随内变量变化的函数 $\psi(\kappa)$ 为

$$\psi(\kappa) = 2(\varphi_0 - \varphi_r)\kappa^2 - 7.5\kappa + \varphi_0 \quad (0 \leqslant \kappa \leqslant 1) \tag{7-18}$$

本书依据层间错动带的常规三轴试验，建立了考虑其硬化软化和体积变形特性的力学模型，涉及的主要待定参数见表 7.3，表中的参数均可以通过常规试验来确定。

表 7.3　　　　　　　　力 学 模 型 中 的 参 数

参数类型	待定参数	参数类型	待定参数
塑性内变量	函数 f 中的参数 a 和 b	强度参数	峰值点黏聚力 c_t
弹性参数	弹性模量 E		黏聚力残余值 c_r
	泊松比 μ		内摩擦角初值 φ_0
强度参数	单轴抗压强度 σ_c		内摩擦角残余值 φ_r
	黏聚力初值 c_0		

7.1.2 力学模型验证

为了验证本书所建立的力学模型，采用不同围压下层间错动带三轴试验结果与模型数值模拟的数据进行比较。具体方法为：由初始屈服函数求出初始屈服点的主应力，此时等效塑性剪应变为 0，内变量为 0，用广义虎克定律求出此时的弹性应变；给定一个加载步，设内变量增量为 $d\kappa$，可由式（7-1）计算出等效塑性剪应变增量；由此时的塑性内变量 κ 可求出内摩擦角、黏聚力、剪胀角，即得到后继屈服函数，可由式（7-3）求出主应力，就可计算出弹性应变增量；由非关联流动法则推导出的式（7-9）代入等效塑性剪应变增量表达式，即可求出塑性应变增量。如此不断给出加载步，即可计算出不同围压下的偏应力（$\sigma_1 - \sigma_3$）-轴向应变曲线和体积应变-轴向应变曲线，力学模型的数值模拟结果如图 7.5 所示。

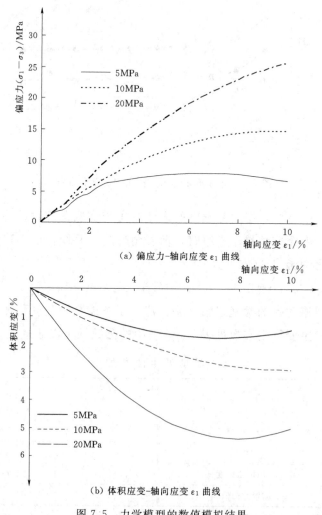

(a) 偏应力-轴向应变 ε_1 曲线

(b) 体积应变-轴向应变 ε_1 曲线

图 7.5 力学模型的数值模拟结果

由于在模型中对力学参数的演化函数做了分段简化，故曲线并不十分平滑，但是无论从定性还是定量上，本书的模型都能够反映层间错动带在高围压下应力-应变曲线特征和体积变形特性。模型中主要的参数取值见表7.4（由层间错动带的常规三轴试验确定）。

表 7.4　　　　　　　　　　　　力学模型参数的取值

函数 f	σ_c/MPa	E/MPa	μ	c_0/MPa	c_r/MPa	φ_0/(°)	φ_r/(°)
$\dfrac{0.0582 I_1}{\sigma c+}1.1452$	1.1	100	0.36	3.1	1.78	4.0	18.03

7.2　工程应用

7.2.1　工程概况

白鹤滩水电站地下厂房采用首部开发方案布置（初设），地下洞室群主要包括引水隧洞、主副厂房洞、主变洞、母线洞、出线竖井、尾水调压室、尾水洞、通风洞及进厂交通洞，其中厂区三大洞室主副厂房洞、主变洞、尾水调压室平行布置。主副厂房洞尺寸 439m×32.2/29m×78m（长×宽×高），主变洞尺寸 400m×20.5m×33.2m，尾水调压室尺寸 323.6m×27.1m×88.81m。地下厂房洞室布置示意图如图7.6 所示。

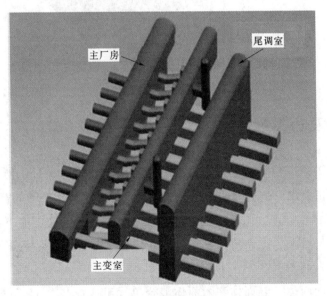

图 7.6　地下厂房洞室布置示意图

左岸厂区发现两条规模较大的断层与主厂房相交。白鹤滩水电站地下厂房洞室群规模巨大，岩性特殊，工程地质条件复杂，多洞室分层开挖过程中围岩受力极其复杂，其力学行为的演化是一个动态过程。施工开挖产生的卸荷作用，实际上也是岩体应力场不断调整的过程，由此将引起岩体结构、能量集散及宏观力学性质发生相应的变化，而这种变化由于河谷构造应力条件而变得更为复杂，极有可能会导致洞室群失稳，需要对地下厂房围岩进行预测。

为掌握洞群开挖过程中围岩的变形规律、变形量、可能的围岩失稳破坏模式及部位等围岩力学行为，有必要在洞室群大规模开挖前开展数值仿真开挖分析，综合评价洞室稳定性。为此，本章拟采用数值模拟技术，对白鹤滩左岸地下厂房枢纽洞室群进行分步开挖模拟，跟踪关键点的变形、应力随开挖层的变化，分析和总结开挖过程中围岩的位移场、应力场、塑性区等的分布特征和演化规律，为地下厂房的开挖支护设计、监测布置等提供参考。左岸地下厂房洞室群及结构面示意图如图 7.7 所示。

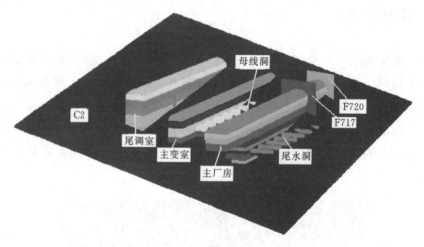

图 7.7　左岸地下厂房洞室群及结构面示意图

7.2.2　模型及边界条件

白鹤滩左岸地下厂房枢纽洞群三维数值模型范围如图 7.8（a）所示，X 轴指向河谷为正，Y 轴为正北向，Z 轴竖直向上。该数值几何模型沿 X 轴的范围为 1000m，Y 轴的范围为 1000m，竖直方向从高程 0m 到山顶。模型中包含了地下洞室群的主体洞室，如主厂房、母线洞、尾调室、高压管道、C2 层间错动带及断层 F717，F720，厂房轴线为 N20°E，如图 7.8（b）所示。

网格模型由四面体、五面体和六面体混合单元组成，共含 1525063 个单元，在建立地下厂房网格模型时，首先规定一个足够大的三维区域（在模型坐标系中为 400m×600m×300m），在区域边界处，地下厂房洞室群开挖模拟的力学响应可以忽略不计。在该区域内部建立细化网格模型，这也是进行数值计算分析的重点区域。初始应力边界条件以位移边界方式施加。

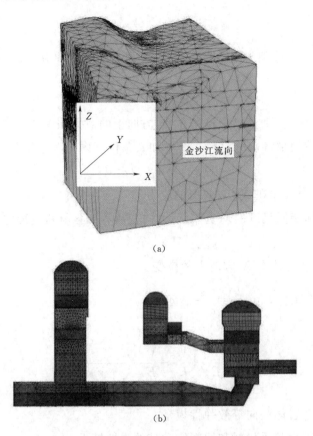

(a)

(b)

图 7.8　左岸地下厂房网格模型示意图

厂房外围区域的岩体（Ⅱ类、Ⅲ类）和断层（含影响带）则采用摩尔库伦模型；含层间错动带等软弱夹层的岩体采用 RDM 模型。其中，考虑到层间错动带厚度较薄，如果按照实际情况划分网格会使网格数量加剧，从而导致计算时间增加。在此次计算中，将层间错动带的厚度人为增大至 2m，但其会超过层间错动带的力学特性影响范围。为保证计算结果的准确性，需要重新设这部分岩体（层间错动带和一部分上下岩体）的力学参数。为解决这一问题，可通过加入土体材料的变形参数来求取该岩体的等效参数。假定含层间错动带岩体的结构示意图如图 7.9 所示。

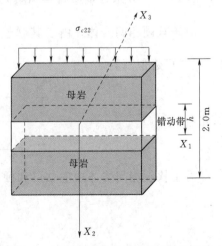

图 7.9　含层间错动带岩体的结构示意图

以母岩为基质（m），层间错动带为充填体（f），在 X_2 方向受均匀正应力 σ_{c22}，根据胡克定律

$$\varepsilon_{m22}=\frac{1}{E_m}(\sigma_{m22}-\nu_m\sigma_{m11}) \tag{7-19}$$

式中 σ_{m22}，ε_{m22}——分别为基质材料在 X_2 方向上的应力和应变。

$$\varepsilon_{f22}=\frac{1}{E_f}(\sigma_{f22}-\nu_f\sigma_{f11}) \tag{7-20}$$

式中 σ_{f22}，ε_{f22}——分别为组合材料在 X_2 方向上的应力和应变。

假定该组合体内部各部分材料在简单加载条件下内力大小相等，即

$$\sigma_{m22}=\sigma_{f22}=\sigma_{c22} \tag{7-21}$$

式中 σ_{c22}——组合岩体在 X_2 方向上的应力。

假定与该岩体相同尺度的均质体 X_2 方向变形等于各材料变形之和，即

$$\varepsilon_{c22}=V_f\varepsilon_{f22}+V_m\varepsilon_{m22} \tag{7-22}$$

式中 ε_{c22}——组合岩体在 X 方向上的应变。

计入上述所有条件，由 $\dfrac{1}{E_2}=\dfrac{\varepsilon_{c22}}{\sigma_{c22}}$，可得

$$\frac{1}{E_2}=\frac{V_m}{E_m}+\frac{V_f}{E_f}-\frac{V_f}{E_f}\frac{\left[\dfrac{E_f}{E_m}\nu_m-\nu_f\right]^2}{1+\dfrac{V_f}{V_m}\dfrac{E_f}{E_m}} \tag{7-23}$$

式中 E_2——组合岩体法向等效弹性模量；

E_m，E_f——分别为基质材料和层间错动带的弹性模量；

ν_m，ν_f——分别为基质材料和层间错动带的泊松比；

V_m，V_f——分别为基质材料和填充材料在组合岩体中所占的体积比。

对于软硬相间岩体，由于其弹性模量相差巨大，故 $\dfrac{E_f}{E_m}$ 远小于 1，$\dfrac{V_f}{V_m}$ 也通常小于 1，上式可近似写为

$$\frac{1}{E_2}=\frac{V_m}{E_m}+\frac{V_f}{E_f}-\frac{V_f}{E_f}(-v_f)^2 \tag{7-24}$$

因此，

$$E_2=\frac{E_fE_m}{V_mE_f+V_fE_m(1-v_f^2)} \tag{7-25}$$

对于软硬相间岩体中的软层和硬层，由于它们近乎平行，故

$$\frac{V_f}{V_m}=\frac{h_f}{h_m} \tag{7-26}$$

$$V_f=\frac{h_f}{h_f+h_m} \tag{7-27}$$

$$V_m = \frac{h_m}{h_f + h_m} \tag{7-28}$$

式中 h_f，h_m——分别为填充材料和基质材料的厚度。

对于本次分析，取层间错动带平均厚度（包含泥化夹层及其上下的劈理带）为 20cm，变形模量 0.1GPa，泊松比 0.36；母岩变形模量 10GPa，泊松比 0.25，则含层间错动带岩体的等效变形参数为

$$E_0 = 1.04\text{GPa}, \ E_d = 0.44\text{GPa}, \ v = 0.26$$

其他参数见表 7.5。

表 7.5　　　　　　　　　左岸洞群稳定性计算采用的力学参数

岩层	E_0/GPa	ν	c/MPa	φ/ (°)	σ^t/MPa
Ⅱ类围岩	13	0.22	7.0	22	0.8
Ⅲ类围岩	12	0.25	2.0	40	0.5
断层	2	0.33	0.03	15	0.003

7.2.3　层间错动带影响下围岩变形演化特征

采用 FLAC³ᴰ 模拟厂房实际开挖过程，目前，白鹤滩地下厂房分期开挖方案设计中，主厂房分 10 层开挖，主变室分 4 层开挖，尾调室分为 8 层开挖，整个地下洞室群综合分为 10 期开挖完成，如图 7.10 所示。依据当初设计的开挖分层方案，仿真计算中也采用相应的分层高度和开挖分期方案。

跟踪每层开挖过程中厂房关键部位（关键部位指洞室顶拱、拱肩、拱座、岩锚梁

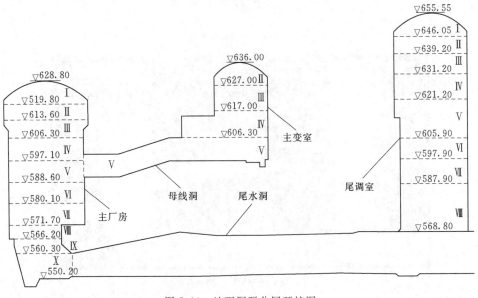

图 7.10　地下洞群分层开挖图

部位、高边墙中部、高边墙中下部等、错动带出露位置）围岩的变形、最大主应力和最小主应力的变化过程，计算模型选取 $1^{\#}$、$5^{\#}$、$9^{\#}$ 机组中心线剖面作为三维分析断面，计算结果剖面示意图如图 7.11 所示。

跟踪白鹤滩左岸地下厂房枢纽洞群全部开挖完成后和分层开挖过程中主要洞室不同部位的变形特征可知：

（1）主厂房开挖后最大变形约 55mm，位于厂房上游边墙；副厂房开挖后最大变

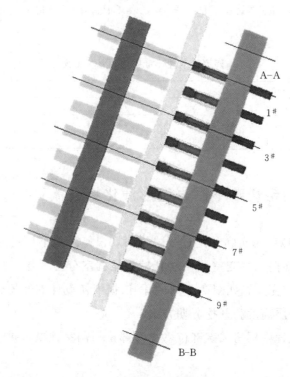

（a）计算剖面俯视图

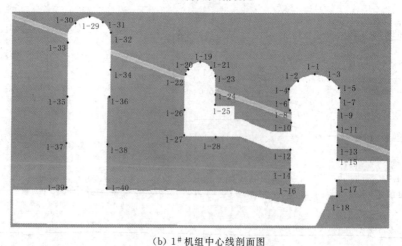

（b）$1^{\#}$ 机组中心线剖面图

图 7.11（一）　计算结果剖面示意图

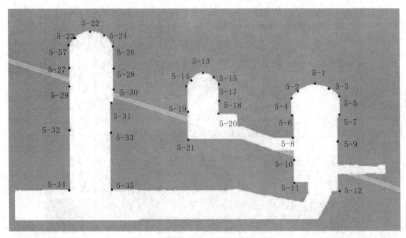

(c) 5#机组中心线剖面图

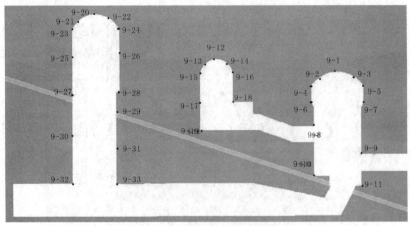

(d) 9#机组中心线剖面图

图7.11（二） 计算结果剖面示意图

形约30～40mm，安装间开挖后最大变形约30mm。开挖后一般最大变形约35mm，但在层间错动带穿越的部位围岩变形较为复杂。尾调室开挖后最大位移出现在远离河岸侧的下游边墙处，最大变形约40～50mm，如图7.12所示。这是由于在开挖作用下，两边墙部位岩体近似单面卸载，在近水平的最大主应力的单向推动作用下向临空面变形，而两边墙之间的岩体处于双面卸载状态，水平应力的单向推动作用不明显，故变形要小于上述两边墙的变形。

（2）跟踪围岩位移随开挖期的变化过程可见，洞室各关键部位的围岩位移都是随厂房分层向下开挖过程而不断增大的，临近开挖临空面的围岩变形总体表现为增长趋势，后趋近于稳定；相比较而言，当主变室开挖完成后，后续周遭厂房和尾调室开挖过程对其影响较小，位移基本收敛不再变化，边墙底部会受到后续洞室开挖的影响，最大位移有5mm左右的增长，如图7.13～图7.15所示。

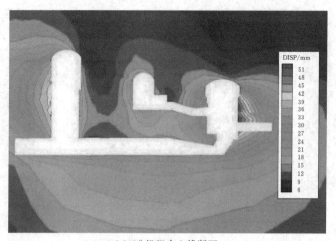

(a) 1# 机组中心线断面

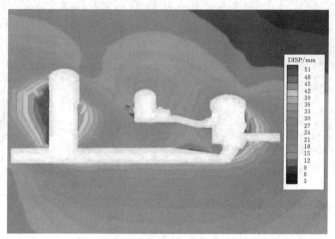

(b) 5# 机组中心线断面

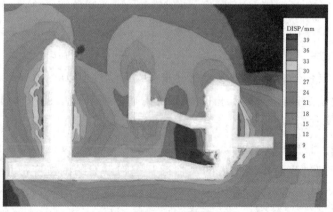

(c) 9# 机组中心线断面

图 7.12　左岸典型机组剖面围岩变形云图

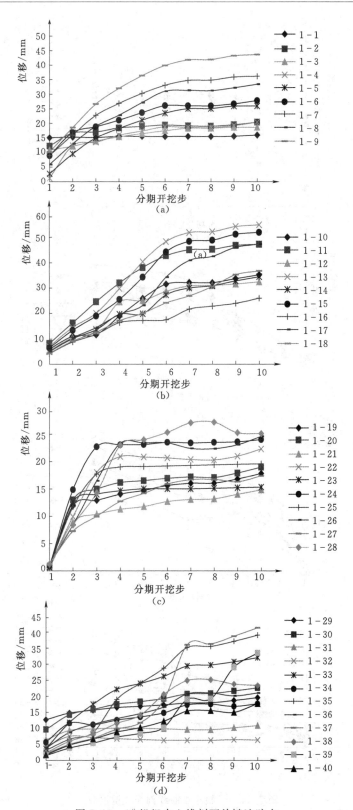

图 7.13 1# 机组中心线剖面关键追踪点

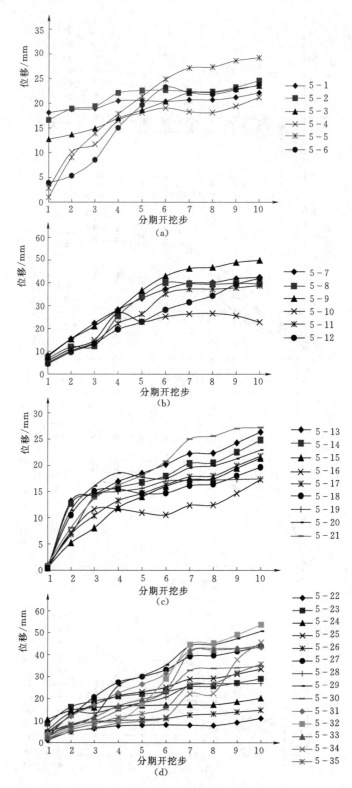

图 7.14　5#机组中心线剖面关键追踪点

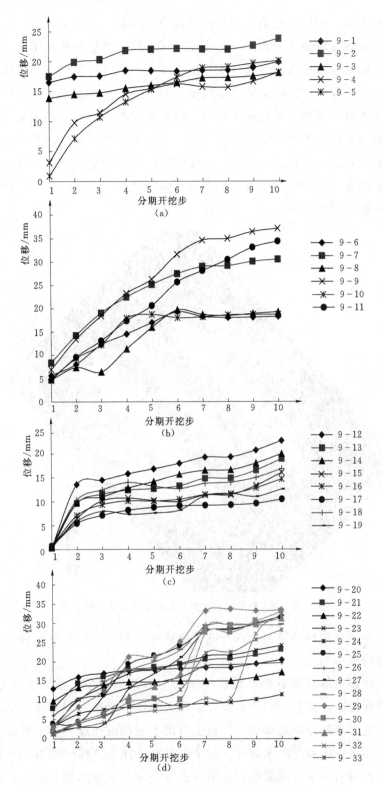

图 7.15 9# 机组中心线剖面关键追踪点

（3）总的来看，厂房开挖后层间错动带出露区域最大变形约 55mm，主变室开挖后层间错动带出露区域最大变形约 30mm；尾调室开挖后层间错动带出露区域最大变形约 40mm，且变形矢量总体向河谷侧（图 7.16）；层间错动带附近岩体受层间错动带变形影响较大，其在层间错动带出露前就开始发生一定的变形，当开挖层到达错动带出露高程位置时，其变形增长最为明显，但在错动带高程以下的洞室开挖扰动还将引起错动带附近关键点出现一定的变形增长。错动带的客观存在使得靠近边墙一定范围内的围岩变形表现出不连续，尤其在主变室与厂房之间的隔墙、主变室与尾调室之间的隔墙，其明显不连续范围一般从临空面往内深度约 10～15m。但这种围岩的不连续变形位差一般不超过 5mm。

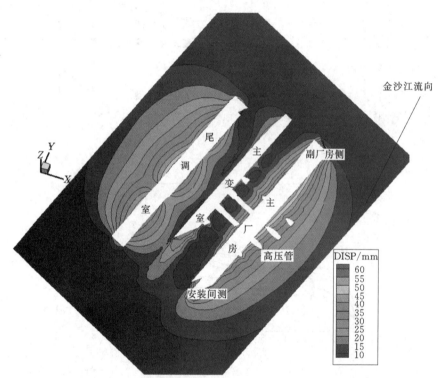

图 7.16　左岸洞室群开挖后层间错动带总体变形云图

分析左岸地下厂房枢纽洞群全部开挖完成后主要洞室围岩和层间错动带最大和最小主应力分布特征可知：

（1）主厂房顶拱靠近河谷侧会出现明显的应力集中现象，最大主应力值达 20～24MPa，表明开挖后，该处围岩应力进行了较大幅度的调整；洞室其他部位，如尾调室顶拱、主变室远离河岸处底部等部位也会出现不同程度的应力集中现象。应力集中现象表明，上述这些区域是将来开挖过程中需重点关注并加固的地方；主变室边墙底部在本层开挖前应力集中的现象明显，第一主应力会有一定的增长，但其在开挖后应力会逐步降低；层间错动带附近岩体应力变化受开挖步影响较大，在邻近开挖点时会出现应力集中，开挖过后应力会松弛。尾调室顶部位置的应力变化不是很大，在开挖应力调整结束后，后续岩体的开挖对其影响较小。层间错动带附近的岩体与层间错动带本身应力的变化规律类似，会在本层开挖前出现应力集中开挖后应力松弛的现象。其他大部分关键点岩体卸荷效应明显，当关键点位置处于分层开挖高度时，应力迅速降低后趋于稳定。典型机组剖面围岩应力云图如图 7.17 所示。

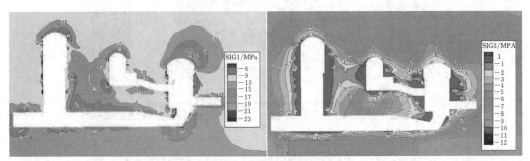

(a) 1# 机组中心线断面

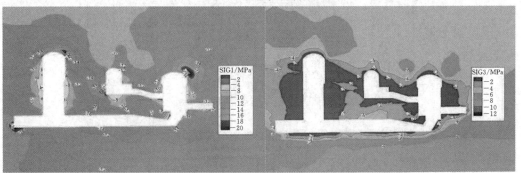

(b) 5# 机组中心线断面

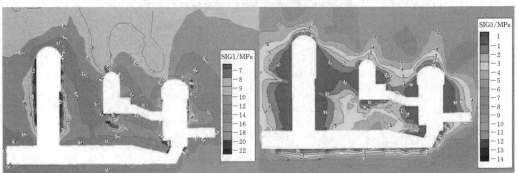

(c) 9# 机组中心线断面

图 7.17 典型机组剖面围岩应力云图

（2）开挖卸荷后会三大洞室会出现不同程度的张拉应力（最大值为 0.6MPa），从图中可以看到厂房与尾水的交叉处，主变室的底部与尾调室的边墙均会有拉应力的出现，这些地方当围岩张拉强度小于该应力水平时，便有可能产生岩体开裂或局部垮塌现象。在洞室的交叉处（如主厂房与高压管道及母线洞的交叉处）易出现本层开挖前应力集中，本层开挖后应力松弛的现象。典型机组剖面围岩塑性区如图 7.18 所示。

(a) 1# 机组中心线断面

(b) 5# 机组中心线断面

(c) 9# 机组中心线断面

图 7.18　典型机组剖面围岩塑性区

（3）大型洞室分层开挖过程中，大部分关键点岩体卸荷效应明显，当关键点位置处于分层开挖高度时，应力迅速降低后趋于稳定。当开挖部临近层间错动带区域影响区域时，层间动带附近岩体即开始发生应力调整，表现为局部应力集中；而当开挖部过错动带后继续下卧开挖时，层间错动带附近岩体应力将明显释放，表现为最大主应力和最小主应力的减小。1#、5#、9# 机组关键追踪点应力随开挖变化图如图 7.19～图 7.21 所示。

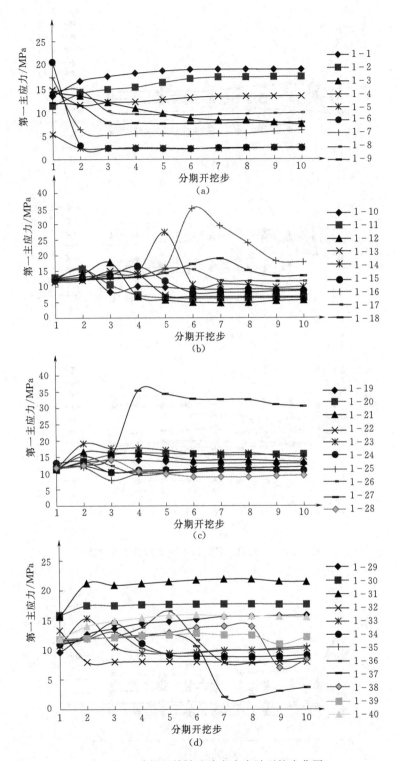

图 7.19 1# 机组关键追踪点应力随开挖变化图

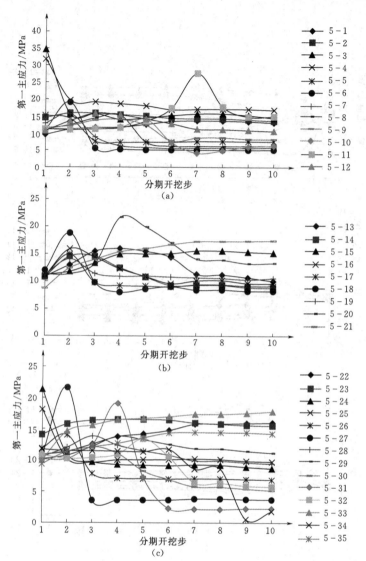

图 7.20　5#机组关键追踪点应力随开挖变化图

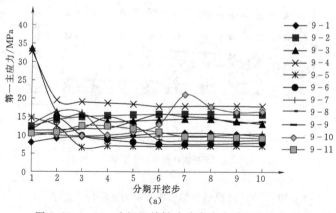

图 7.21（一）　9#机组关键追踪点应力随开挖变化图

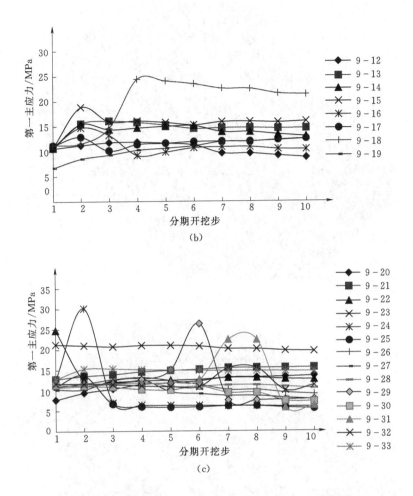

图 7.21（二） 9#机组关键追踪点应力随开挖变化图

（4）分析左岸地下厂房枢纽洞群全部开挖完成后主要洞室的塑性区特征可知：三大洞室的塑性区分布范围比较广泛，在顶拱与边墙，洞室底部均有塑性区的分布。主厂房顶拱塑性区为剪切屈服区，其深度约 4~5m，边墙塑性区为剪切屈服区，其深度约 2~4m；主变室围岩塑性区集中在边墙部位，为剪切屈服区，在层间错动带影响区域，其深度为可达 7m，在其他部位一般为 2~5m；尾调室围岩塑性区集中在顶拱和边墙部位，其中顶拱为剪切屈服区，其深度约 2~4m，边墙部位为靠近河谷段为剪切屈服区，但在边墙的底部会出现剪切与拉伸的混合塑性区，其深度约 3~6m。左岸洞室开挖后厂区层间错动带附近岩体应力分布特征如图 7.22 所示。

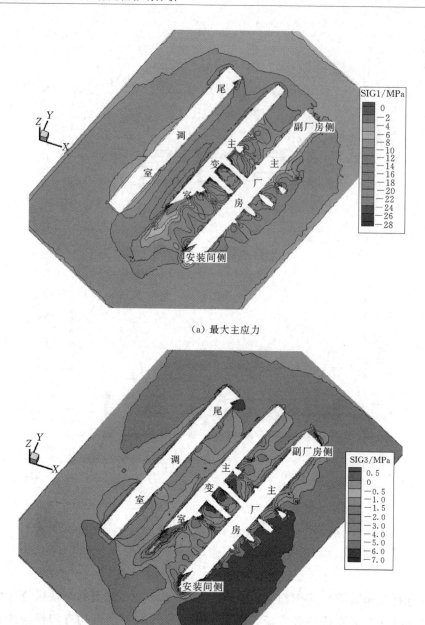

(a) 最大主应力

(b) 最小主应力

图 7.22　左岸洞室开挖后厂区层间错动带附近岩体应力分布特征

7.3　小结

本章基于试验数据将力学模型应用于层间错动带，然后应用等效的方法对层间错动带的参数进行了赋值，并进行了白鹤滩地下洞室开挖的大规模数值模拟，从位移随开挖变化、总体位移变化、应力变化和塑性区变化系统分析了层间错动带及其影响下的围岩力学响应的时空演化规律和特征，可以为类似工程的设计和施工提供科学依据。

参 考 文 献

[1] 徐鼎平. 层间错动带抗剪度特性及其对洞室群整体稳定性影响的研究 [D]. 北京：中国科学院研究生院，2011.

[2] 潘家铮. 水电与中国 [J]. 水力发电，2004，30（12）：17 – 21.

[3] 张凯，周辉，冯夏庭，邵建富，杨艳霜，张元刚. 大理岩弹塑性耦合特性试验研究 [J]. 岩土力学，2010，31（8）：2425 – 2434.

[4] 李震，周辉，宋雨泽，张传庆，胡其志. 考虑硬化软化和剪胀特性的绿泥石片岩力学模型 [J]. 岩土力学，2013，34（2）：104 – 110.

[5] Zhou Hui, Jia Y, Shao J. F. A unified elastic – plastic and viscoplastic damage model for quasi – brittle rocks [J]. International Journal of Rock Mechanics and Mining Sciences. 2008，45（8）：1237 – 1251.

[6] Zhou H，Shao J F，Feng X T，Hu D. Coupling Analysis between Stress Induced Anisotropic Damage and Permeability Variation in Brittle Rocks [J]. Key Engineering Materials，2007，340：1133 – 1138.